영화관에서
만나는
의학의 세계

**영화관에서
만나는
의학의 세계**

2023년 7월 19일 초판 1쇄 발행
2024년 4월 19일 초판 3쇄 발행

지은이	고병수
펴낸이	조시현
편 집	한홍
펴낸곳	도서출판 바틀비
주 소	서울시 마포구 동교로8안길 14, 미도맨션 4동 301호
전 화	02-335-5306
팩시밀리	02-3142-2559
출판등록	제2021-000312호

홈페이지	www.bartleby.kr
인스타	@withbartleby
페이스북	www.facebook.com/withbartleby
블로그	blog.naver.com/bartleby_book
이메일	bartleby_book@naver.com

책값은 뒤표지에 있습니다.
잘못된 책은 구입하신 서점에서 바꿔드립니다.

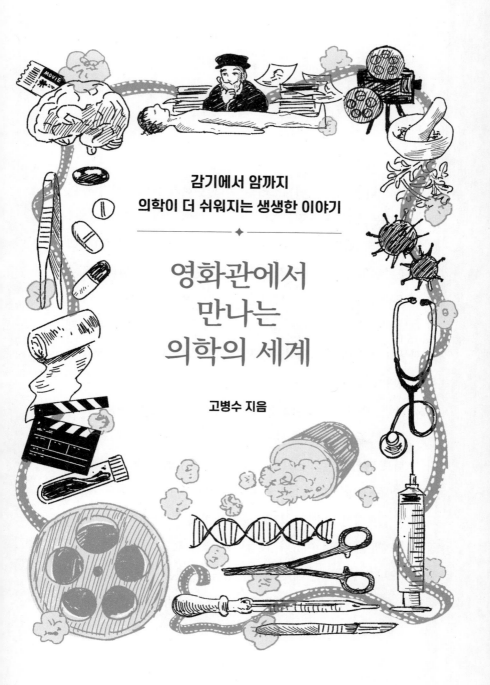

감기에서 암까지
의학이 더 쉬워지는 생생한 이야기

영화관에서
만나는
의학의 세계

고병수 지음

바틀비

의학의 세계가 궁금한 영화 팬들에게

중년이라면 영화란 사치스러운, 아니, 만나기 힘든 문화였다. 아주 어릴 때는 누나 손을 잡고 한두 번 영화관에 갔었고, 학창 시절에는 문화 경험이라는 명목으로 학교에서 단체로 영화를 관람했다. 그런 중에 주말에 방영되는 '명화극장'이나 '주말의 명화'는 영화에 갈증이 난 우리에게 샘물 같은 시간이었다. TV 앞에 묶어두는 마법에 걸린 것처럼 영화를 보기 위해 일주일을 기다리곤 했다. 설이나 추석 때면 신문에 난 명절 특집 영화 편성표를 오려서 벽에 붙여놓고 빨간 줄을 그어가며 영화를 본 기억이 아련하다. 그러던 내가 의사의 업을 이어오면서 영화를 소재로 책을 쓰게 된 것은 우연이 아닐 것이다.

중학생 혹은 고등학생 때, TV에서 영화 〈빠삐용〉을 본 적이 있다. 스티브 맥퀸과 더스틴 호프만의 명연기에 감동을 받기도 했지만, 탈출하던 중에 만난 한센인과 조우하는 장면이 너무 놀라워서 이후로도 계속 잊혀지지 않았다. 그때는 한센병이 무슨 병인지도 모르면서 공포의 전염병으로만 여겼다. 문둥이는 병을 고치기 위해 아이들을 잡아먹으니까 밤에 조심해야 한다는 등 근거 없는 소문에 겁먹던 시절이다. 주인공 빠삐용이 한센인의 담배를 받아 무는 장면에서는 '저러다가 병이 옮으면 어떡하나?' 하는 조바심이 들기도 했다. 아프거나 다친 사람이 유독 〈빠삐용〉에만 나오는 것도 아닌데 오래 기억에 남아 있는 이유는 의과대학 시절 강의에서 본 환자의 양상이 영화에서 보았던 모습과 흡사했기에 영화를 다시금 떠올렸던 것이다.

영어 원문으로 된 병리학 교과서를 읽으며 어려운 의학 용어들과 씨름하던 의대생 시절, 《로빈스 병리학 기초》라는 책에 나오는 신경섬유종 질환 부문에는 영화 〈엘리펀트 맨〉이 실려 있었다. 전 세계 의과대학에서 교과서로 삼을 만한 교재에서 얼굴에 생긴 혹이 심하게 덩어리져 흘러내리고 손이나 발이 코끼리처럼 커지는 기형을 설명하며 영화 이야기가 나오다니 신기했다. 저자의 여유로움과 풍부한 세계를 엿볼 수 있어서 부러웠고, 게다가 그즈음 내가 봤던 영화라서 더 반가웠다. 나중에 내가 책을 쓰게 된다면 영화 이야기를 감칠맛 나게 넣어봐야지, 생각했던 게 그때였던 것 같다.

그 이후로 여러 환자를 만나며 의사로 활동한 지 30년, 여전히 2~3일에 한 편씩 영화를 본다. 마음만 먹으면 안방에 편하게 앉아서 언제든지 영화를 볼 수 있게 된 덕택이다. 그러다 보니 의학과 관련된 영화를 적잖이 골라낼 수 있었다. 의학의 눈으로 바라보면 특이하게 보이거나 종종 현재 의학 현실과 맞지 않는 내용도 눈에 띈다. 이런 영화 중에 우리 일상과 맞닿은 질병을 쉽게 이해할 수 있도록 의학 이야기를 찾아내어 책으로 묶었다.

의학 이야기만 줄곧 나오는 영화는 많지 않다. 흥미진진하고 드라마틱하게 전개하기 쉽지 않거니와 어려운 의학 용어 때문에도 그런 것 같다. 내가 본 수많은 영화 중에 관련 영화를 선별하고 사이사이에 의학 지식을 풀어내려 애썼다. 배운 지 오래되어 흐릿한 내용은 다시 의학 서적들을 들춰 확인하고, 최신 내용들을 검토하면서 살을 붙이다 보니 원고량이 상당히 많아졌다.

특별한 경우가 아니면 연작 드라마나 다큐멘터리는 되도록 제외했다. 독립영화도 아주 제한해서 인용했다. 의학 내용을 잘 담은 연작 드라마는 많지만, 영화 속 한 장면처럼 짜릿한 맛이 덜하고 보는 데 시간을 많이 할애해야 하므로 소개하기가 부담스러웠다. 그리고 다큐멘터리는 나에게 감동적으로 다가오지 않았다.

영화 연도 표기는 국내 개봉 연도가 아니라 제작 연도로 넣었고, 제목은 개봉 당시 제목을 그대로 사용하여 한글 맞춤법에 맞지 않는 경우도 있다. 예를 들어 〈컨테이젼〉은 '컨테이전'으로, 〈슈퍼노바〉는 '수퍼노바'로 표기해야 하나 그대로 인용했다. 지금은 잘 안 쓰는 표현들을 그대로 쓴 점에 대해서도 독자들의 양해를 구하고 싶다. 〈노틀담의 꼽추〉는 장애 비하 표현이므로 '노틀담의 척추장애인', 혹은 '노틀담의 척추 뒤굽이증 장애인'으로 바꿔야 하지만 혼선을 빚을 우려가 있어 상영 당시 영화 제목 그대로 쓸 수밖에 없었다. 미장센Mise-En-Scène, 롱테이크Long take, 클리셰cliché 같은 영화 용어도 되도록 한글로 바꿔 쓰려고 노력했다. 흔히 영화가 끝나고 마지막에 올라가는 자막을 일컫는 엔딩 크레디트는 잘못 쓰는 말로서, 엔드 크레디트End credits나 클로징 크레디트Closing credits라고 해야 맞는 표현이다.

이 책은 의학 전문 서적이 아니다. 질병이나 치료법에 대해 구체적으로 나열하는 백과사전은 더욱 아니다. 수만 가지 질병이나 그에 맞는 치료법이라면 아무리 대중적으로 쓴다 해도 수십 권 분량은 되어야 할 것이다. 나의 한정된 의학 지식 때문에도 불가능한 일이다. 이 책은 처음부터 순서대로 보거나 전부를 독파할 필요는 없다. 이어지는 내용이 아니므로 눈을 붙잡는 부분부터 읽어도 무방하다.

누구나 이 책을 읽기를 바라지만 글을 쓰면서 특히 몇몇 사람이 떠올랐다. 우선 영화를 좋아하고 의학 상식에 관심이 높은 사람이다. 이 책을 읽은 후 그 장면을 다시 보면 아는 만큼 더 잘 보이면서 영화의 깊이가 달라질 거라 믿는다. 또 의대 진학을 꿈꾸는 청소년, 의대생이나 의료 종사자라면 의학의 눈으로 볼 때 무심히 지나칠 수 있는 장면에서도 중요한 내용을 알 수 있을 것이다. 한편 동료 의사들에게도 다른 눈으로 영화를 볼 수 있다는 면에서 일독을 권하고 싶다.

책을 준비하며 오랜만에 여러 의학 서적을 다시 읽으며 새로운 지식을 쌓았을 뿐 아니라 예전엔 몰랐던 의학의 역사도 알게 되어 기뻤다. 혼자 작업했다면 심심하고 고단했을 텐데, 의과대학에 다니는 둘째 아들 동우가 도움을 주어 한결 편하게 쓸 수 있었다. 졸고를 흔쾌히 받아준 바틀비 출판사에 고맙다는 인사를 건넨다.

독자분들이 이 책을 읽고, 그냥 지나칠 수도 있는 의학의 세계를 영화를 보면서 새롭게 접할 수만 있다면, 그래서 깊어진 눈으로 영화를 다시 볼 수 있다면 더할 나위 없이 기쁘겠다.

2023년 6월 제주에서

고병수

차례

3장
감염에 관한 이야기

4장
아직 정복하지 못한 병 이야기

5장
피부와 외형에 관련된 병 이야기

6장
마비와 장애 이야기

책은 다른 사람의 지혜를 얻기 위해서 읽는다면,
영화는 우리가 경험하지 못한 세계를 만끽하려고 본다.

한 편의 영화에서 많은 것을 볼 수 있지만,
의학자의 눈으로 바라본 의학의 세계는
어떻게 다르고 새롭게 읽히는지 전해주고 싶었다.

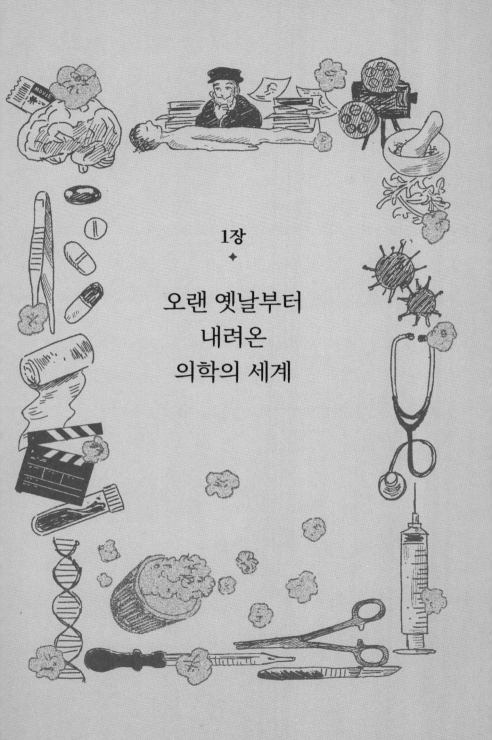

1장

◆

오랜 옛날부터
내려온
의학의 세계

원시 인류는 어떻게
상처와 질병을 치료했을까?

◆

〈맨 프럼 어스〉, 〈불을 찾아서〉, 〈아웃 오브 아프리카〉

원시 인류는 어떤 질병을 가지고 있었을까? 이 질문에 대한 대답은 크로마뇽인으로 알려진 호모사피엔스사피엔스가 지금까지 지구상에 살고 있다는 설정의 〈맨 프럼 어스〉(2007)라는 영화에서 찾아볼 수 있다. 대학교수인 주인공 존 올드먼은 늙지 않는다. 그래서 1만 4,000년 넘게 살아온 자신의 정체가 탄로날까 봐 10년마다 이직해야 한다. 갑작스러운 헤어짐에 서운해하는 동료 교수들에게 존은 이해할 수 없는 황당한 이야기를 풀어놓는다. 그중에서도 긴 세월을 살면서 자신이 앓았거나 봐왔던 질환을 얘기하는 장면이 나온다. 선사시대에는 폐렴에 여러 번 걸렸고, 그 후에 장티푸스, 황열, 두창(천연두), 흑사병 등으로 많은 사람이 죽는 것을 지켜보았단다.

이런 질병들은 지금도 사라지지 않고 간헐적으로 유행한다. 옛날에는 위생 문제로 발생한 전염병이 문제였고 지금은 너무 잘 먹어서 생기는 심혈관 질환이 주된 문제라고 하지만, 원시시대부터 현대에 이르기까지 인류가 앓는 질병은 그다지 달라지지 않았다.

● 〈맨 프럼 어스〉의 한 장면. 올드먼이 동료 교수들에게 자신이 1만 4,000년간 살아왔다고 밝히고 있다.

●● 〈불을 찾아서〉의 한 장면. 불을 찾는 원정대로 뽑힌 세 명의 원시인.

●●● 〈아웃 오브 아프리카〉의 한 장면. 카렌(메릴 스트립)은 아프리카에서 커피 농장을 운영하며 인근 주민들과 친분을 맺는다.

그렇다면 치료 방법은 어떨까? 모든 생물은 다치거나 위험에 처했을 때 나름의 치료 기제가 있다. 동물이 상처 부위를 핥는 것은 본능적으로 오염된 부분을 닦아내는 행위로, 침에 있는 면역글로불린이 세균을 없애는 효과가 있다. 하지만 그 이상의 특별한 치료법은 없다. 원시 인류도 마찬가지여서 그 수준을 벗어나진 못했다.

구석기시대의 삶을 다룬 영화 〈불을 찾아서〉(1991)에서도 인류 초기의 치료 행위를 엿볼 수 있다. 8만 년 전 구석기시대에 빙하기의 추위를 피해 아프리카 북동부 지역에서 살던 네안데르탈인이 등장하는데, 동굴에서 집단생활을 하다가 너무도 중요한 불을 꺼뜨리고 말았다. 이들은 우연히 불을 얻어서 사용했기에 불을 피울 줄 몰랐다. 그래서 무리에서는 건장한 사람 세 명을 뽑아 '불 찾기 원정대'를 만들어 불을 가져오라는 엄중한 임무를 맡긴다. 그들은 온갖 고난과 역경을 헤쳐가며 먼 길을 모험하다가, 원정대 중 한 명이 부상을 입자 우연히 만난 이카라는 여인이 약초를 이용해서 치료해준다. 이카는 네안데르탈인 말기에 번성한 부족 출신인 듯 보인다. 이카가 사용한 약초가 무엇이었는지, 정말로 상처 치료에 효과가 있었는지는 의문이지만, 이카의 부족이 여러 세대에 걸쳐서 쌓은 의학 지식일 것이다.

구석기 인류가 약초를 이용해 병을 치료했다는 사실은 고고학이나 인류학에서도 관심이 많은 주제다. 약초를 이용한 치료법이 언제부터 쓰였는지 정확히 알 수는 없지만, 네안데르탈인이 식물을 사용하여 약초와 향료를 만들었다는 증거가 발견되었으니 그보다 앞서지 않았을까 싶다. 당시에 살았던 사람의 뼈를 분석한 결과 몸속에서 몇 몇 식물이 발견되었는데, 이는 음식으로 섭취했거나 약물로 사용했다는 증거다. 6만 년 전 이라크의 고대 유적지에서는 서양톱풀Yarrow이나 당아욱Mallow, 로즈메리, 자작나무버섯 등을 사용한 흔적도 발견되었다. 특히 서양톱풀은 출혈을 줄여주거나 염증을 가라앉히고 항균작용의 효과가 있어서 외상을 치료하는 데 사용했을 것이다.

스페인의 한 유적지에서는 5만 년 전 사람의 치아에서 영양 가치는 없는 서양톱풀과 캐머마일, 포플러나무 성분을 찾아냈다. 버드나무와 마찬가지로 포플러나무 껍질에는 아스피린의 원료인 살리실산 성분이 다량 들어 있다. 잘 알려진 것처럼, 아스피린은 해열·진통·소염 효과가 있다. 그렇다면 구석기인들은 통증이 있을 때 포플러나무 껍질을 씹으면 도움이 된다는 것을 경험으로 알았던 걸까?

유적을 통해 추측할 뿐이지만, 신석기시대부터는 약초 요법이 본격적으로 활용된 것으로 보인다. 현대의 의약품도 오래전부터 약용으

서양톱풀, 당아욱, 로즈메리(위). 자작나무버섯, 키나나무, 코카나무(아래).

로 썼던 동식물이나 광물의 성분을 추출해서 화학 구조를 밝혀내고, 합성하여 대량으로 생산하는 것이 많다. 남아메리카의 잉카제국 사람들은 키나(또는 '신코나') 나무껍질에서 수액을 얻어 열을 내리는 데 사용했고, 이것이 유럽으로 건너갔다. 1820년경 프랑스에서는 키나에서 퀴닌Quinine 성분을 추출하여 말라리아 치료제로 이용했다. 아프리카나 열대지방에서 유행하는 열대열 말라리아에 걸리면 고열과 오한이 일어나고, 적혈구가 파괴되어 빈혈을 일으키거나 검붉은 오줌을 눈다. 그래서 흑수열병이라고 부르기도 한다. 영화 〈아웃 오브 아프리카〉(1985)에서 흑수열병에 걸린 사람을 위해 말라리아 치료약을 구하는 장면이 나오는데, 그 약이 바로 초기에 사용하던 퀴닌이다. 퀴닌에는 적혈구에 침투한 말라리아 원충을 없애주는 효능이 있었다. 이후 부작용이 덜한 약물인 클로로퀸이나 프리마퀸 등으로 개발되었다.

페루 주민들이 작업 능률을 올리기 위해 중추신경 흥분제로 사용하던 코카인Cocaine은 안데스산맥 고지대에서 많이 나는 에리스록실론 코카Erythroxylon coca의 잎에서 추출해 만든다. 현재는 리도카인이라는 국소마취제의 성분으로 쓰인다. 양귀비 씨방 껍질의 하얀 즙으로 만드는 아편은 통증을 억제하거나 배앓이를 낫게 하는 효과가 있어서 수천 년 동안 사용되던 약물이다. 현재는 모르핀을 추출해서 심한 통증으로 고통받는 환자에게 사용한다. 광범위 항생제로 널리 쓰인 페니실린이 푸른곰팡이에서 발견됐다는 것은 잘 알려진 사실이다.

항생제를 비롯한 의약품과 대량 생산 기술이 발달하면서 약초 요법은 점차 사라졌다. 식물의 뿌리, 줄기, 잎, 꽃에서 즙을 내려면 많은 양의 재료가 필요하므로 비효율적이기 때문이다. 한의학의 탕제는 약초 요법과 비슷한 면이 있지만, 재료를 섞어서 끓인다는 점이 서양과 다르다. 현재 약초 요법은 한의학이나 인도의 아유르베다, 서양의 동종 요법과 향기 요법(아로마요법) 등으로 그 맥을 잇고 있다.

원시시대에도
수술을 했다고?

◆

〈알파: 위대한 여정〉

원시시대에는 아마도 감염병과 외상을 가장 많이 앓았을 것이다. 신석기시대에 한곳에서 집단생활을 하면서 치료 지식이 대대로 축적되어 약초 요법이 발전했다. 하지만 약초 요법으로는 간단한 내과 질환이나 외상만 고칠 수 있었고, 팔이나 다리가 부러지고 머리가 깨지는 등의 중상에는 소용이 없었다.

영화 〈알파: 위대한 여정〉(2018)은 2만여 년 전 유럽대륙의 자연 속에서 생존하던 인류의 이야기를 잔잔히 그린다. 인간과 늑대의 우정을 다룬 영화로, 당시 사람들이 어떻게 외상을 치료했는지도 엿볼 수 있다. 족장의 아들인 케다는 아버지를 비롯한 부족민들과 함께 사냥을 하다가 절벽 아래로 떨어진다. 사람들은 그가 죽은 줄 알고 돌아가지만, 케다는 천만다행으로 살아난다. 한데 다리가 부러져 퉁퉁 부어서 움직일 수조차 없다. 부족 사람들에게서 어깨너머로 보고 배운 대로 뼈를 맞추고 나무 막대기를 댄 후 가죽끈으로 묶어 부목처럼 고정한다. 또 부기가 가라앉지 않고 통증이 심해지자 들판에서 구한 풀잎을 으깨어 발목에 대고 천으로 감싸기도 한다.

이처럼 원시시대에 팔이나 다리가 부러졌을 때 할 수 있는 일이라고는 나무로 부목을 대고 가죽 따위로 감아서 뼈가 붙을 때까지 기다리는 것뿐이었다. 뼈가 재생되어 붙을 때 제대로 된 위치에 있지 않으면 평생 기형인 채로 살아야 했을 것이다.

현대에는 교정 치료나 수술로 뼈를 맞추고, 뼈에 철심을 박거나 핀을 꽂은 후 석고를 사용하여 고정시킨다. 다리 모양에 맞춰 석고로 주물처럼 제작하기 시작한 것은 9세기경 아랍이라고 한다. 이를 주물이라는 뜻의 캐스트cast라고 불렀으며, 지금도 병원에서 그렇게 부른다. 우리나라는 독일 의학을 받아들인 일본의 영향을 받아 깁스라고 부르는 경우가 많다. 1852년, 네덜란드 의사 안토니우스 마타이센이 면 헝겊에 석고를 바르고 둘둘 감아 간편한 형태로 개량해서 널리 보급했는데, 이것이 석고붕대다. 요즘은 플라스틱 섬유 재료로 되어 있어 더 가볍고 강하다.

이런 치료 기술은 원시시대부터 집단 내에서 대대로 전해지면서 다듬어지고 세밀해졌다. 전문적으로 아기를 받아내는 산파가 있었고, 약초 기술은 더욱 발달했다. 무당이나 주술사는 집단의 안위를 점치기도 했지만, 병든 자가 있으면 신의 기운을 빌려 치료사의 역할을 했다. 이 시기의 동굴 벽화를 보면 동물뿐

석고붕대.

아니라 주술사의 모습이 그려져 있다.

　　최근 오스트레일리아의 고고학자들은 3만여 년 전 구석기시대에 다리 절단 수술을 한 증거를 발견했다고 과학 잡지에 발표했다. 인도네시아의 어느 섬에서 구석기시대에 살았던 10대 소년의 뼈를 발굴했는데, 왼쪽 다리가 잘려 보이지 않았다고 한다. 절단 부위로 보아 생명을 구하기 위해 절단술을 시행한 것으로 보인다. 프랑스에서는 신석기시대인 7,000년 전 절단 수술을 받은 사람의 뼈가 발견되기도 했다.

　　손상 부위의 회복이 힘들거나 감염으로 살이 썩어서 자칫 패혈증(세균이 혈액을 통해 온몸으로 퍼지는 것)으로 사망할 수 있는 경우에는 절단술을 시행한다. 그러나 과거에는 절단한 후에 오히려 출혈이 심해지거나 관리가 안 되어 감염될 위험이 높았다. 당시에는 자른 부위를 묶어서 출혈을 멈추는 정도였을 테고, 감염을 막을 수는 없었다. 결국 절단 수술 후에 운이 좋으면 살았고, 많은 경우에는 죽었다. 다행스럽게도 인도네시아의 섬에서 발견된 10대 소년은 절단술을 받은 후로 6~9년은 더 살았던 것으로 보인다.

　　전 세계 곳곳에서 발견되는 신석기시대 유골 중에는 머리에 구멍이 난 것들이 있다. 물론 창이나 돌에 맞아서, 혹은 떨어지면서 다친 흔적일 수도 있지만, 개중에는 정교하게 구멍이 나 있거나 가장자리가 매끈한 것들이 있다. 단순한 외상이라면 구멍의 테두리가 거칠고 정형적이지 않아야 한다. 이렇게 매끈하다는 것은 날카롭게 다듬은 간석기로 머리뼈 천공술Skull trepanation을 시행했다는 의미다. 요즘에도 이 수술법이 사용되는데, 특히 뇌출혈이 생기면 뇌압을 가라앉히기 위해

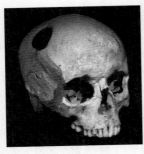 

머리뼈 천공술의 흔적이 있는 신석기시대 유골(왼쪽). 머리뼈 천공술을 하고 있는 히에로니무스 보스의 그림(오른쪽).

구멍을 뚫어 고인 피를 제거할 때 쓰인다. 천공술을 받은 가장 오래된 유골은 기원전 8000년경의 것으로 추정된다. 프랑스의 외과 의사이자 뇌신경학의 권위자인 폴 브로카Paul Broca는 이런 유골들이 외과 수술로 인한 자국이라고 주장했다. 그는 대뇌 이마엽(전두엽) 좌측이 언어를 담당하는 부위이며 실어증을 만드는 병변이 될 수 있음을 증명했는데, 이를 '브로카 영역'으로 명명했다.

　　신석기시대에 외상으로 뇌출혈이 생기면 고인 혈액을 제거하기 위해, 뇌전증이나 심한 두통을 해결하기 위해 구멍을 뚫었던 것으로 보인다. 또한 샤머니즘을 믿던 당시에는 조현병이나 영적 치료를 위해서도 머리뼈 천공술을 시행했을 것으로 짐작된다. 뇌 수술은 지금도 쉽지 않은 치료라서 정교한 도구가 필요했을 텐데, 그 당시에는 아마 뇌막 근처에 고인 혈액을 제거하는 정도의 간단한 수준이었을 것이다.

이집트에서 시작된
고대 문명의 의학

✦

〈미이라〉

의학은 인류의 문명이 발달한 만큼 진보했다. 의식주만큼이나 삶을 영위하는 중요한 방편이기 때문이다. 인류는 채집 생활을 시작하면서 조, 피, 수수 등을 키우다가, 중동 지역의 비옥한 초승달 지대에서 밀과 보리를 경작했다. 동물들을 가두어 키우는 목축도 하게 되었다. 주거 형태는 동굴에서 움막으로 발전했고, 나중에는 돌이나 진흙을 이용해서 집을 지었다. 이렇듯 집단이 커지고 조직화되면서 의학도 체계를 갖추고 발달했다.

인류가 문자를 만들어 기록하기 시작하면서, 고대 이집트에서 처음으로 의학이라고 부를 만한 기록을 발견한다. 프톨레마이오스 1세(기원전 367~283) 때 활동했던 이집트의 역사가 마네토Manetho는 이집트에 관해 그리스어로 저서를 집필했다. 그의 기록에 따르면, 고대 이집트 왕조를 세운 메네스의 아들인 아토디스가 기원전 4000년경에 의학 서적을 여러 권 썼고 해부학 책도 저술했다는데, 자세한 내용은 전해지지 않는다. 그리스의 역사가 헤로도토스는 이집트 문화를 설

임호테프는 고대 이집트에서 신격화할 정도로 뛰어난 의학자이면서 피라미드를 설계한 공학자다. 임호테프 상(왼쪽)과 임호테프 박물관(오른쪽).

명하면서, 이집트 의사들은 산과와 부인과, 직장·항문, 머리, 안과, 치과 등으로 의료 분야를 전문화해서 질병을 다뤘다고 했다.

　　의사로서의 활동이나 치료법이 문자로 기록되어 벽화나 조각 등으로 전해지는 최초의 의사는 임호테프Imhotep(기원전 2650~2600년에 활동)일 것이다. 그는 이집트의 대제사장이면서 피라미드를 건설하기도 한 공학자이자 위대한 의사였다. 고대 이집트에서는 그를 신처럼 숭상해서 사후에 그를 기리는 기념관을 따로 만들기도 했다.

　　처음 이집트의 미라를 주제로 영화를 만든 것은 미국이었다. 1930년대의 흑백영화에서 임호테프는 악령으로 되살아나 사람들을 공포에 떨게 했다. 이후에 개봉한 〈미이라〉(1999)는 큰 인기를 얻어 속편이 제작될 정도로 흥행을 거두었다. 이 영화에서도 임호테프는 미개한 시대의 악당이자 악령으로 나온다. 임호테프를 제대로 묘사하지 않은 데다 시대 구분도 엉망이고, 이집트는 문화가 뒤쳐진 곳이라는 편협한 서구적 시각이 느껴져 씁쓸하다.

　당시에는 질병을 초자연적인 현상으로 여겨 주술로 치료했기에 제사장이 의사의 역할을 했고, 약초도 다양하게 활용했다. 이집트의 미라 만드는 기술을 보면 해부학이 상당히 발달했을 것으로 보인다. 이집트의 의학 기술은 시간이 지나면서 고대 그리스에 큰 영향을 미쳤다고 한다.

　미라는 시체의 내장을 꺼낸 뒤 처리 과정을 거친 후 헝겊으로 감싸고 몰약을 발라 만든 것이다. 원래 미라는 몰약을 가리키던 말이었는데, '미라를 바른 흑갈색 시체'라는 의미로 바뀌었다. 포르투갈에서는 'mirra(미하)'라고 부르던 것이 그들과 활발하게 교역하던 일본을 거치면서 '미라'로 발음이 바뀐 듯 보인다. 법의학에서는 시신이 마른 채로 잘 보존된 것을 '미라화되었다'고 한다.

　오래전부터 한방에서 통증이나 멍을 가라앉히는 약재로 썼던 몰

영국 국립박물관에 있는 미라.

약은 실크로드를 거쳐 우리에게 전해진 것으로 보인다. '몰약殺'은 페르시아어의 음차어로, 아프리카나 아랍권에서 자라는 식물에서 추출한 송진 같은 성분인데, 사체가 부패되지 않도록 했다. 예수가 태어나자마자 동방박사들이 마구간을 찾아와 예물로 바친 것이 황금, 유황과 더불어 몰약이었다. 그만큼 옛날에는 귀한 약품이었다.

이집트 의학이 세상에 알려진 것은 1800년대 말 이집트의 유물과 파피루스가 연구되면서부터다. 벽화 이외에 고대 이집트의 의술을 살펴볼 수 있는 문서도 남아 있다. 그중에서 가장 유명한 '에드윈 파피루스'는 1862년에 발견되었고, 기원전 1600년경의 기록으로 두루마리 길이가 4.68미터에 이른다. 여기에는 산부인과 등 전문 의료 지식도 기록되어 있지만, 주로 외상(창상, 골절 등)에 관해 적어놓았다. 이 문

뉴욕 의학 아카데미에 있는 에드윈 파피루스.

서는 의학 수준이 높고 주술성이 배제된 내용이라 의학적으로 가치를 인정받는다.

발굴과 유적 연구를 통해 임호테프와 비슷한 시기에 활동했던 의사들도 서서히 알려졌다. 헤시 라Hesy-Ra는 피라미드 건설에 동원된 사람들을 치료했고, 뛰어난 치과 기술을 가지고 있었다고 전해진다. 메리트 프타Merit-Ptah, 페세셰트Peseshet처럼 기원전 2700~2500년에 활동한 여성 의사도 있었다. 훗날 이들이 그리스 의학에도 영향을 끼쳤다고 한다. 그렇다면 이집트가 있었기에 히포크라테스도 있지 않았을까? 중세 이후까지도 이집트나 중동, 인도, 중국의 의학은 유럽을 능가할 정도였으므로, 다시금 이곳의 의학적 의미를 살펴볼 필요가 있다.

이발사가
수술을 한 까닭은?

〈피지션〉

지금이야 의사들을 쉽게 만날 수 있지만 과거에는 어땠을까? 의학 교육은 모든 학문 중에서 가장 어려운 분야인지라 아무나 접근할 수 없었고 의사 자격을 쉽게 얻지도 못했다. 그런 시대에 의사를 만나기란 여간 어려운 일이 아니었을 것이다. 그렇다면 서민들은 아플 때 의사의 도움을 받을 수는 있었을까?

〈피지션〉(2013)은 중세의 의학을 잘 보여주는 독일 영화로, 11세기 초 영국 런던에 사는 소년 롭의 어머니가 급성 충수염으로 보이는 병을 앓다가 갑자기 사망하는 것으로 시작한다. 충수염은 흔히 맹장염이라고 하는데, 실제로는 막창자에 달린 가느다란 꼬리처럼 생긴 곳에 염증이 생긴 것을 큰창자인 막창자(맹장)에 생기는 것으로 잘못 알고 붙은 이름이다. 급성 충수염으로 사망까지 이르는 경우는 많지 않지만, 염증이 심해져서 막창자꼬리(충수)가 터져 복막염으로 번지면 사망할 수 있다. 복막염은 장에 있던 세균이 복강에 퍼지는 것으로, 금세 패혈증으로 진행되기 때문에 위험하다. 옛날에는 단순 복통인 줄 알고 참다가 중증으로 진행되었고, 부풀어진 막창자꼬리가 터져서 복막염으로 번지는 경우가 허다했다.

오래전부터 서양의 의술은 두 부류에 의해 시행되었다. 하나는 히포크라테스 이후로 도제식 교육을 받은 자들이었다. 그 이후 중세 이탈리아나 프랑스를 중심으로 의과대학이 설립된 후로는 정식 의학 교육을 받은 의사가 환자를 치료했다. 최초의 의과대학은 800년대 후반에 설립된 이탈리아의 살레르노 의과대학Schola Medica Salernitana이었다. 이후로 이탈리아의 파도바와 볼로냐, 프랑스의 몽펠리에와 파리 등지에도 의과대학이 설립되었다. 학생들은 졸업하면 닥터라는 칭호를 받았고, 의료 장비나 시설을 갖춘 병원 겸 의과대학에 근무하며 주로 왕이나 귀족, 부유층을 진료했다. 그렇다 보니 유럽에서 의사들은 도시에서 활동했고, 평민이나 빈곤층은 의사를 만나기도 힘들 뿐 아니라 거의 볼 수도 없었다.

그렇다면 도시의 평민이나 시골 사람은 어떻게 의료 혜택을 받았을까? 이들은 또 다른 부류에 의해 치료받았다. 그들이 바로 이발업을 하는 이발사Barber였다. 간단한 처치나 의료 활동을 했기에 수술장이Surgeon 또는 이발 수술장이Barber-surgeon라고도 불렸는데, 정식으로 의학 교육을 받지는 않았다. 이발 수술장이는 대도시의 의과대학에서 시체를 해부하거나 수술이 필요할 때 불려 가서 칼을 잡았다. 고귀하신 의과대학 교수들은 손에 피를 묻히려고 하지 않았기 때문이다. 이들은 교육받은 의사와는 다른 치료 주체로, 도시 변두리나 시골을 돌아다니며 병을 고쳐주고 약을 팔았다. 닥터들이 왕이나 귀족, 부

런던의 몽크웰 거리에 있는 이발 수술장이의 홀(Barber-Surgeon's Hall)에서 있었던 존 배니스터(John Banister)의 해부학 실습. 정면에는 닥터와 학생들이 있고, 교수 왼쪽과 실습대 앞 두 명은 직접 해부하는 이발 수술장이들이다.

자를 위해 일했다면, 평민이나 시골 사람에게는 이발 수술장이가 있었던 셈이다.

시간이 지나면서, 이발 수술장이들은 도시에 정착하여 이발이나 면도를 해주고 꽤 괜찮은 수입을 올렸다. 굳이 수술장이와 동업하거나 힘들게 겸업할 필요가 없어졌기에, 이발사와 수술장이는 분리되었다. 아직도 이발사들이 흰 가운을 입고 빨강·파랑·하양 띠가 돌아가는 표식을 영업소 앞에 설치해두는 것은, 예전에 이발 수술장이들이 수술을 겸했다는 증거다.

외과학이 전문 과목이 되고 외과 전문 의사가 정해진 것은 1600년대 활동한 프랑스의 찰스 프랑수아 펠릭스(1635~1703)의 공이 크다. 프랑스의 국왕 루이 14세는 오랫동안 치루를 앓아 제대로 먹지 못했고, 오래 앉아 있을 수도 없었다. 왕실에 소속된 의사들은 여러 방법을 동원했지만 그 병을 치료할 기술이 없었다. 이때 파리에는 수술을 잘 한다고 소문난 이발 수술장이가 있었다. 그가 바로 펠릭스다. 의과대학의 근엄하신 의사들이 부르면 '연장'을 들고 달려가서 그들 대신 솜씨 좋게 자르고 꿰매던 인물이다.

루이 14세는 누군가에게 얘기를 듣고 그를 불러 치료하게 했다. 왕실 주치의들은 격이 떨어진다고 말렸지만, 태양왕이라 불리면서 프랑스 왕조의 최고 절정기를 이끌던 루이 14세였던 만큼 그들의 말은 귀담아듣지 않고 펠릭스를 불러들였다. 처음에는 그도 치료하기 어려운 병이라는 것을 알고 시간을 조금 달라고 하고는, 주변에 항문 질환을 앓는 사람들을 모두 불러모아 이런저런 방법으로 시도하다가 드디어 방법을 찾아낸다. 지금도 치루는 어려운 외과 수술 중 하나로, 항문샘으로 세균이 들어가 염증이 생기고, 곪아서 항문 주변에 깊숙이 긴 터널이 생기는 병이다. 항생제만으로는 치료가 안 되고, 땅굴처럼 생긴 길을 따라 염증을 긁어내다시피 해야 낫는다. 방법을 찾아낸 펠릭스는 오랫동안 고통받던 왕의 치루를 치료해냈고, 곧 루이 14세의 신임을 얻어 닥터 칭호도 얻고, 왕의 주치의가 되었다.

그뿐만 아니라 외과의 힘을 경험한 루이 14세는 외과학을 의과 대학에서 정식으로 교육하게 했다. 왕실의 내로라하는 닥터들도 전전긍긍하던 치루를 한낱 이발 수술장이였던 펠릭스가 해결했으니, 루이 14세는 주변의 잘난 의사들은 더 이상 신뢰하지 않았으며, 외과라는 학문이 절실하다고 느꼈다.

지금은 외과 의사들을 '서전Surgeon'이라고 부르고 외과는 '서저리Surgery'라고 하는데, 그들이 이발 수술장이의 후대들이기 때문이다. 또한 이발 수술장이들이 동네 주민들을 담당했기 때문에 영국에서는 동네병원도 서저리라고 부른다. 그러니까 이발 수술장이가 외과와 동네병원의 원조인 셈이다. 그런데 대부분의 이발 수술장이들은 전문 의학 지식이 없이 사람들을 치료하다 보니, 의료 사고로 사람이 죽거나 상태가 더 나빠지는 경우가 빈번했다. 의뢰받은 환자의 환부를 잘못 건드려 과다출혈이나 감염과 같은 합병증으로 사망하면 책임을 회피하기 위해 야반도주하기도 했다.

영화 〈피지션〉에서 주인공 롭은 어머니가 죽은 뒤 동생들과 헤어져 여기저기 떠돌아다니던 이발 수술장이에게 거둬진다. 롭은 그와 함께 다니며 약도 팔고 기술도 익히다가 정식 교육을 받아 제대로 의술을 익히고 싶어졌고, 유대인 의사에게서 페르시아의 발달한 의술과 위대한 의사 이븐 시나(980~1037)의 이야기를 듣는다. 그는 온갖 고

이븐 시나(혹은 아비센나)의 초상을 담은 이란의 우표.

비를 겪으며 페르시아로 향했고, 결국 이븐 시나를 만나 배움의 기회를 얻어 의사가 된다. 그리스의 히포크라테스, 로마의 갈레노스와 더불어 중세 의학의 아버지라 불리는 이븐 시나가 등장하는 흔치 않은 영화라서 더욱 흥미롭다.

고대 의학은 이집트에서 그리스를 거쳐 아랍권으로 건너가 발전했고, 중세 아

이탈리아의 번역가인 크레모나의 제라드가 13세기에 쓴 책에 묘사된 알라지(왼쪽). 14세기 안드레아 다 피렌체의 그림에 묘사된 이븐 루시드의 모습(오른쪽).

랍의 의학은 유럽에 큰 영향을 끼쳤다. 특히 이븐 시나의 《의학 규범》 (1020)은 라틴어로 번역되어 12~17세기에는 유럽에서 의학 교과서로 오래도록 활용되었다. 그 외에도 이슬람 세계에서 활약하며 뛰어난 업적을 남긴 의사로는 페르시아의 알라지(라틴명 라제스)와 에스파냐에서 태어나 아랍에서 활약한 이븐 루시드(라틴명 아베로에스)가 있다. 알라지는 바이러스의 존재를 모르던 시절 두창과 홍역의 증상에 대해 상세히 기록했다. 그리고 원인 물질이 피에서 증식하며 피를 끓어오르게 하면서 병이 발생한다는 이론을 내놓았고, 발생 초기에 멀리해야 전염을 막을 수 있다고 강조했다. 특히 정신의학에도 조예가 깊었다고 한다. 철학가로도 유명한 이븐 루시드는 망막이 빛을 감지하는 중요한 부위라고 언급한 최초의 의사이며, 뇌경색이 심장에서 뇌로 가는 혈관이 막혀서 생긴다는 것과 파킨슨병의 특징까지 기록했다. 이

룽듯 특출한 의사들이었기에 알라지와 이븐 루시드의 의학서도 유럽
에서 널리 읽혔다.

《 영국에서 동네병원을 부르는 명칭 》

마을에서 1차보건의료를 담당하는 의사들을 일반의라고 부르고, 영어
로는 GPGeneral practitioner라고 한다. 지금은 전문 수련 과정을 거치기
때문에 1차의료전문의라고 부른다. 이들이 일하는 곳을 'GP practice'
라고 한다. 더 흔하게는 'GP surgery(줄여서 Surgery라고도 함)'라고 하는
데, 우리말로 동네병원이란 뜻이다.

해부학 실습실은
왜 공포스러울까?

✦

〈아나토미〉, 〈해부학교실〉, 〈미켈란젤로〉

동아시아 여러 나라에서는 유교 사상의 영향으로 인체를 해부할수 없었다. 한의학으로 대표되는 동아시아의 의학 체계는 기와 혈이라는 개념을 이용하여 장부臟腑(오장과 육부)를 다루었다. 해부학이 발달한 서양에서도 고대에는 해부하지 않았다. 그리스에서는 사람의 체질(4체액설)을 기준으로 인간의 병을 진단하고 치료했기 때문에 굳이 장기를 들여다볼 필요가 없었던 것이다. 4체액설이란 우주의 기본 물질인 흙, 물, 불, 공기의 4원소에 냉·온·건·습의 기운이 영향을 미쳐서 혈액, 점액, 황담즙, 흑담즙의 균형이 깨져 인간의 병이 발생한다는 이론이다. 그나마 그리스 출신인 의학자 헤로필로스(기원전 335~280)가 해부가 허용된 알렉산드리아에서 활동했다는 기록 정도만 전해질 뿐이다.

로마제국 시대에는 해부 자체를 금기시했다. 대신에 돼지나 원숭이 같은 동물을 해부해서 얻은 지식을 사람에게 적용했다. 의사는 피를 불결하게 여겨서 직접 해부하지 않았다. 그러나 갈레노스(129~216)는 직접 양이나 돼지, 원숭이를 해부하여 인체와 면밀히 비교했다. 그

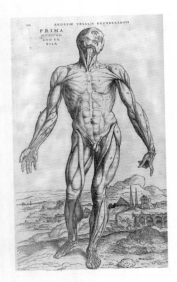

갈레노스는 직접 동물 사체를 만지면서 실제에 가까운 인체구조를 설명했다. 게오르그 부시가 그린 갈레노스 판화(왼쪽). 베살리우스는 현대 해부학에 가까울 정도로 세밀하고 정확한 해부 지식을 남겼다. 1543년에 출간한 《인체 구조에 관하여》에 나오는 인체 삽화(오른쪽).

러한 열정 덕택에 1,000년이 넘도록 갈레노스의 이론은 묻지도 따지지도 않을 만큼 절대적인 지식이 되었다.

　　해부학의 발전에 가장 크게 기여한 사람은 벨기에 출신으로 근대 해부학의 창시자인 베살리우스(1514~1564)다. 르네상스 시대에는 해부가 허용됐지만 시신을 구하기가 쉽지 않았고, 어렵사리 구해도 보관하기가 어려웠다. 방부 처리 기술이 없어서 사람이 죽으면 당장 해부해야 했기 때문이다. 베살리우스는 사형당한 시신을 몰래 가져다가 밤새 해부하면서 장기를 그리고 특징을 기록했다. 급기야는 시신 탈취범으로 경찰에 쫓기는 몸이 되자, 고향을 떠나 이탈리아로 가서 연구를 계속했다. 그래서인지 그가 쓴 《인체 구조에 관하여De Humani Corporis Fabrica》(1543)는 인체 장기 묘사가 자세하고 그림이나 해부 도식이 지금도 의학 교재로 삼을 수 있을 만큼 세밀하다.

영화에서는 종종 해부학을 다룰 때 음산한 실습실 분위기를 연출하고, 첫 해부학 시간에 기절하거나 구토하는 학생을 등장시킨다. 하지만 실제 의대생들은 시체와 해부가 무섭다거나 징그럽게 여기지 않고 토하는 경우도 별로 없다. 생애를 바쳐 의학을 다루기로 다짐한 예비 의사인 만큼, 그 첫 관문이나 다름없는 해부가 두려워 배를 부여잡고 구토나 하고 있을 겨를이 없다. 해부학 과목은 10학점 가까이 되기에 실습실에서는 눈을 부릅뜨고 긴장해도 모자랄 판이다.

독일 영화 〈아나토미〉(2000)는 해부학 실습실에서 벌어지는 미스터리를 다루는 스릴러물로, 시체 해부 장면을 생생하게 보여준다. 명망 있는 의사 집안의 딸인 파울라는 하이델베르크 의과대학에 입학해서 해부 실습을 하게 된다. 그런데 얼마전 만난 적이 있는 사람이 해부 대상이 되어 해부 침상 위에 누워 있는 것을 보고 깜짝 놀란다. 파울라는 사체에서 칼에 찔린 자국과 'AAA'라는 이상한 문자가 새겨진 것을 발견한다. 그의 죽음에 의심을 품고 정확한 사인을 밝혀내려 애쓴다. 주변의 학생들이 하나둘씩 사라져가고, 파울라에게도 서서히 공포의 그림자가 드리운다.

대개 해부실을 배경으로 하는 영화는 이런 식으로 시작된다. 어둡고 음산한 해부학 실습실, 유리병에 담긴 사람의 장기, 구석에 전시되어 있는 인체 뼈는 이런 영화에 자주 등장하는 전형적인 소품이다.

• 〈아나토미〉의 한 장면. 해부 실습을 하는 학생들.

•• 〈해부학교실〉의 한 장면. 친구들이 하나씩 죽어나가자 선화(한지민)는 해부학 실습실에 비밀이 숨어 있다고 의심하기 시작한다.

••• 〈미켈란젤로〉의 한 장면. 옷의 구김뿐 아니라 인체의 근육, 힘줄까지 생생하게 묘사된 미켈란젤로의 〈피에타〉.

한국 영화 〈해부학교실〉(2007)처럼 밤늦게 혼자 남아서 실습하던 학생이 이튿날 싸늘한 시체로 발견되는 상황도 단골처럼 등장한다.

다양한 종류의 메스.

시체를 해부할 때 처음에는 일정한 방향으로 피부를 잘라내기 위해 메스가 필요하다. 이 도구는 식칼을 뜻하는 네덜란드어 메스mes에서 유래되었는데, 일본을 거쳐 우리나라에서도 흔히 쓰는 말이 되어 영화에서 사용된다. 실제로 해부를 하거나 수술을 할 때 영어권 영화에서는 스칼프Scalp라고 표현을 한다. 한편 영화에서처럼 금방 죽은 시신이 해부학 실습대에 카데바cadaver(해부학 실습에 사용하는 시체)로 올라오는 일은 실제로 불가능하다. 해부 실습용으로 사용되기 전에 가족이나 경찰에게 인계되었다가 돌아와야 하기 때문이다. 예전에는 연고자가 없는 시신을 해부했지만, 요즘은 기증받아 해부한다. 사체는 부패하지 않도록 혈액을 제거한 후 포르말린에 담가두므로 생생한 피부색이 아니라 쭈글쭈글하고 거무튀튀한 흙빛이 난다.

의사가 아닌데도 해부학과 관련한 일화를 남긴 유명인들이 있다. 르네상스 시대의 거장 레오나르도 다 빈치(1452~1519)는 인체를 연구해서 근육이나 피부의 주름, 힘줄까지 자세히 그려놓았다. 인체 해부도나 근육과 뼈, 내부 장기를 그려놓은 그의 노트가 나중에 발견되었는데, 이것이 일찍 알려졌다면 근대 해부학의 창시자는 베살리우스가 아닌 레오나르도 다 빈치가 되었을 수도 있다.

미켈란젤로(1475~1564) 역시 해부학에 조예가 깊다. 다큐멘터리 형식의 영화 〈미켈란젤로〉(2017)에서도 그가 해부하고 연구하는 장면이 등장한다. 미켈란젤로는 그의 재능을 알아보고 오랫동안 후원해준 로렌초 데 메디치가 죽은 후 정세가 복잡해지면서 도망치듯 수도원 병원에 숨어 지냈는데, 그곳에서 시체를 구해다가 해부에 열중했다고 한다. 그의 작품에는 피부 주름, 근육, 힘줄, 인대, 핏줄이 아주 섬세하고 정확하게 묘사된다. 그중에서도 그의 해부학적 지식이 잘 드러나는 대표작이 죽은 예수를 성모마리아가 안고 있는 〈피에타〉다.

이와는 달리 해부학 때문에 의사의 길을 포기한 사람도 있다. '푸코의 진자'로 잘 알려진 레옹 푸코(1819~1868)는 파리 의과대학에 들어갔으나 피 공포증으로 해부학 실습을 힘들어했다고 한다. 그 후 천체물리학으로 관심을 돌린 그는 코페르니쿠스와 갈릴레이가 주장한 지동설을 진자의 흔들림을 통해 실험으로 증명하면서 천체물리학 역사에 큰 족적을 남긴다.

찰스 다윈(1809~1882)도 에든버러 의과대학에 입학했지만, 박제술이나 해양 동물 공부에 더 관심이 많았다. 사실 다윈은 해부학 실습이 무서웠다기보다는 해부하려고 무덤에서 시신을 몰래 파내어 팔거나 살인까지 저지르는 추잡한 행위에 거부감을 가졌다고 한다. 그는 2년 만에 의과대학을 그만두었고, 비글호를 타고 갈라파고스를 다녀온 후 《종의 기원》을 썼다.

불법적인 시신 매매는 유럽 전역에서 벌어지던 병폐였다. 특히 산업혁명과 과학의 중심지였던 영국에서는 의학의 필수 과목인 해부학이 중요했고, 의과대학생들은 한 해에 2~3구의 시체를 해부해야 했다. 당시에는 방부제가 없었기에 시체는 금방 부패했고, 한 구의 시체로 근육, 뼈, 장기 등을 꼼꼼히 살펴볼 만큼 원상태가 오랜 시간 유지되지 않았기 때문에 시신이 여러 구 필요했다. 1800년대 다윈이 살았던 에든버러에서 사형수는 1년에 3~5명뿐이었는데, 해부학에 필요한 시신은 해마다 100여 구가 넘었다. 의과대학생들은 시신을 사서라도 해부해야 했고, 시신 팔이는 꽤 짭짤한 수입원이었다. 그래서 막 매장한 무덤을 눈여겨보았다가 밤에 몰래 시신을 훔쳐 가는 일이 비일비재했다고 한다. 심지어 으슥한 골목길에서 살인을 저지르고 그 시체를 팔아넘기는 경우도 있었으며, 어떤 의과대학 교수는 살해된 시신인 줄 뻔히 알면서도 상습적으로 구매하기까지 했다고 한다.

법의학이
죽은 자의 한을 풀어줄까?

---◆---

〈제인 도〉

해부학으로 얻은 지식을 응용하는 대표적인 분야라고 하면 법의학이 떠오를 것이다. 법의학은 해부학과 병리학뿐만 아니라 약물학, 독물학, 인류학 등 방대한 기초 지식을 필요로 한다. 근대적 의미의 법의학은 16세기경, 근대 외과학의 아버지라 불리는 프랑스의 앙브루아즈 파레(1510~1590)가 해부와 병리학 소견을 담은 책을 편찬하면서 시작되었다.

해부학이 정상적인 신체 구조를 연구하는 것이라면, 법의학은 죽은 자의 몸에서 병들거나 손상된 장기를 들여다보는 학문이다. 우선, 법의학은 부검을 통해 이루어진다. 부검剖檢은 칼로 자르고 관찰한다는 의미인데, 영어로는 'Autopsy'라고 한다. '스스로 보는 것' 혹은 '자신을 들여다보는 것'이라는 뜻의 그리스어에서 유래했으며, 유럽에서는 1600년대부터 쓰였다. 사후 부검은 중국에서는 3세기경부터 이뤄졌다고 하며, 서양에서는 히포크라테스나 갈레노스의 기록이 있는 것을 보면 아주 오래전부터 했던 것으로 보인다. 그다음으로 법의학에서 중요한 분야는 병리학적 소견이다. 이는 현미경과 세포학, 생리학 등이 발전하면서 더욱 중요해졌다.

조선시대에도 살인 사건이 일어나면 지방 수령이 직접 출두해서 조사를 지휘했다. 현감은 청에 있는 여러 관리와 포졸을 불러모았고, 형방과 직접 시신을 다루면서 검시를 담당할 오작인仵作人, 의학적으로 조언해주는 의생, 법률 문제를 맡는 율관을 대동했다. 오작인이 시신을 직접 다루었는데, 이들은 서양의 이발 수술장이처럼 천시받았다. 수사 과정에는 피살자의 가족이나 친지도 참여했다.

1308년에 원나라 때 쓰인 《무원록無寃錄》이 우리나라에 도입되었다. 그 후 영조 24년(1748)에 개정되어 우리의 실정에 맞고 제대로 체계를 갖춘 법의학 전문서인 《증수무원록增修無寃錄》이 편찬되었다. 정조 때는 이를 한글로도 옮겼다. '무원'이라는 책 제목처럼, 죽은 이의 원을 없게 하겠다는 의지가 담겼다. 이런 법의학 이론서는 주로 검시 책

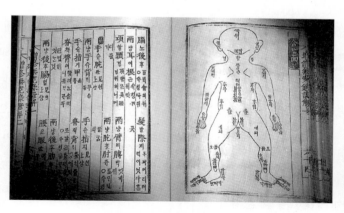

《증수무원록언해》의 한 페이지.

임자인 관리들이 읽는 서적이었다.

단순히 해부하고 눈으로만 장기를 관찰했던 부검에서 더 발전하여, 병들거나 손상된 장기의 원인과 결과를 자세히 다루면서 병리학적 관찰이 이루어졌다. 18세기 이탈리아 해부학자인 모르가니(1682~1771)는 700개 이상의 사례에서 부검 소견과 생전의 증상·징후를 검토하고, 1761년에 《해부학을 통해 관찰한 질병의 원인과 병터에 관하여》라는 책을 출간했다. 생전의 임상 특성을 기술하고, 부검에서 발견한 해부병리학 특성을 묘사한 뒤, 둘 사이의 관련성을 규명한 것이다. 이러한 노력을 통해 질병은 전신의 기운이 아닌 장기라는 국소 부위에 자리 잡는 것이라는 결론을 내린다. 전신의 기운이란 고대부터 근대까지 이어진 4체액설을 의미한다.

이후 모르가니를 추종하여 병든 장기를 찾아 질병을 알아내려는 노력이 계속되었다. 이를 장기병리학이라고 하는데, 병이나 손상이 있는 부위(병변)를 특정하고 부검을 통해 이를 분석하는 방법이다. 프랑스의 비샤(1771~1802)가 장기의 조직 특성과 근육, 뼈, 결합 조직이나 신경 조직으로 세분화해서 연구하며 조직병리학이 시작되었다. 독일의 피르호(1821~1902)는 현미경의 발달에 힘입어 세포의 이상 소견을 밝히는 세포병리학을 창시했

모르가니의 《해부학을 통해 관찰한 질병의 원인과 병터에 관하여》 표지.

다. 이 세 사람이 근대 병리학을 창시한 삼총사다.

요즘에는 법의학이 드라마나 영화의 소재로 자주 쓰인다. 벌써 10여 년도 전에 나온 드라마이지만, 〈CSI〉나 〈본즈〉는 우리나라에서도 많은 인기를 끌었다. 영화 〈제인 도〉(2016)도 법의학을 소재로 한다. 영국에서 3대째 부검소를 운영하는 토미와 오스틴 부자는 보안관에게 다급한 의뢰를 받고 신원 미상인 젊은 여성을 부검한다. 시신은 뼈가 부러졌고, 외관상으로는 멍이나 출혈 흔적이 없다. 그런데 시체의 피부를 절개했더니 피가 철철 흐르고, 피부를 벗겨내니 1700년대에 쓰던 라틴어 문구가 나온다. 부검을 할수록 밖에서는 폭풍이 거세지고, 라디오에서는 이상한 소리가 흘러나오고, 시체 냉동고의 문이 저절로 열리거나 고양이가 심각한 상처를 입는 등 기괴한 일이 발생한다. 이렇듯 해부학이나 법의학 관련 영화와 드라마에서 불가능한 사건이 벌어지거나 신비한 현상이 동원되는 이유는, 해부와 시체라고 하면 먼저 떠올리게 되는 공포스러운 분위기, 무의식적인 두려움과 호기심 때문일 것이다.

법의학적 판단을 내리려면 현장 감식부터 부검에 이르기까지 남은 흔적을 살펴야 한다. 우선 자살인지 타살인지 판단하고, 타살이라면 사인과 흉기를 찾아낸다. 외력에 의해 다쳤다면 현장 주변에 다량의 출혈 흔적이 있을 것이고, 손상 부위에 멍이 들거나 혈소판, 백혈구와 같은 염증 세포가 모여 있는 염증 반응이 남는다. 염증이란 붓고 아프고 열감을 지니는 증상으로, 생체 조직에 병원균이나 유해 물질 같은 자극으로 일어나는 생체 반응이다. 혈관, 면역세포, 분자생물학

단계의 중간물질이 관여하는 보호 작용이며, 괴사된 세포나 손상을 입은 조직을 제거하고 재생하는 과정이기도 하다. 이는 자동차나 기차에 치인 사체의 경우에 현장에서 죽은 것인지, 다른 곳에서 죽임을 당하고 유기된 것인지 구별하는 데 유용한 병리 소견이다.

의과대학 시절에 선택 실습으로 한 달간 국립과학수사연구소(지금의 국립과학수사연구원)에 파견 나간 적이 있는데, 한 연구원이 흥미로운 사건 이야기를 들려주었다. 1980년대 어느 날 새벽, 경기도의 한 기찻길에서 몸이 산산조각이 난 20대 초반의 여성이 발견되었다고 한다. 현장을 돌아본 경찰은 발을 헛디뎌 기찻길에서 넘어졌거나, 삶을 비관해서 기차로 뛰어들었을 것이라며 단순 사고로 처리하고 사건을 종결하려고 했다. 한편 시신은 국립과학수사연구소로 넘겨져서 부검이 진행되었는데, 기차에 치여 사망한 것이 아니라 다른 데서 이미 죽은 상태로 시신이 기찻길로 옮겨졌다는 추정 결과가 나왔다. 언뜻 보면 사고사나 자살로 보이는데, 국립과학수사연구소의 분석 결과는 전혀 달랐던 것이다.

우선, 현장에서 흘린 피가 너무 적었다. 육중한 무게의 기차에 치였다면 주변이나 시신에 많은 혈액이 묻었을 텐데 말이다. 둘째로, 손상된 시신을 현미경으로 병리 분석을 해보니 염증 반응이 보이지 않았다. 몸에 손상을 입으면 혈소판과 응고 성분이 상처 부위로 몰려들어야 하고, 백혈구도 늘어나야 하는데 그렇지 않았다. 이는 이미 사망한 상태라 기찻길에서는 어떠한 생체 반응도 일어나지 않았다는 뜻이다. 그렇다면 이 젊은 여성은 다른 데서 살해당한 후 그곳에 유기되었다는 의미다.

경찰이 탐문 수사를 벌인 결과, 피해자의 남자 친구가 용의자로 특정되었으며 자백을 받아냈다. 여성에게 다른 남자가 생겼다는 것을 안 피의자가 근처 산에서 함께 술을 마시고 말다툼 끝에 여성을 살해한 것이다. 그런 다음 사체를 기찻길에 끌어다놓은 후 자살한 것처럼 꾸미려고 했다는 사실이 밝혀졌다.

1987년, "서울대생이 경찰 조사를 받다가 '탁' 치니 '억' 하고 죽었다"는 보도가 나왔다. 서슬 푸른 독재 정부에 대항하여 학생운동을 하던 대학생들이 남산 대공분실에 끌려가 고문받던 시절이다. 현장을 목격한 의사는, 그 조사실에는 욕조가 있었고 바닥이 물로 흥건히 젖어 있다는 점을 수상히 여겨 기자에게 몰래 진실을 전한다. 부검 결과 시체의 폐에 고인 물에서 플랑크톤이 발견되었다. 이는 강제로 물에 밀어넣어 외부의 물이 폐로 들어갔다는 것을 뜻한다. 부검을 담당한 국립과학수사연구소의 한 연구원(법의학 의사)은 '경부 압박에 의한 질식사'라는 부검 소견을 외압에 굴하지 않고 제출했고, 세상은 뒤집혔다. 법의학에서는 '시체는 거짓말을 하지 않는다'는 신조가 있는데, 그 신조에 따라 행동한 것이다. 이 고문 치사 사건으로 6월 민주항쟁이 일어났고, 우리는 또 다른 세상을 맞이했다.

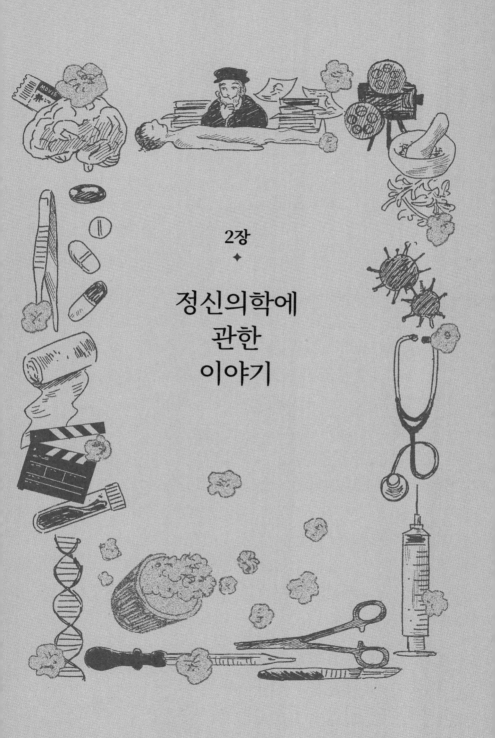

2장

✦

정신의학에
관한
이야기

정신질환은
뇌의 문제일까?

◆

〈뻐꾸기 둥지 위로 날아간 새〉, 〈셔터 아일랜드〉, 〈처음 만나는 자유〉,
〈우먼 인 윈도〉, 〈프랙처드〉, 〈뷰티풀 마인드〉

고대부터 정신질환은 귀신 들린 상태라고 여겨서 무속인이나 제
사장, 사제 등이 치료했다. 가톨릭의 구마 의식도 그중 하나였다. 그러
나 1600년대에 접어들면서 점차 병으로 인식되기 시작했다. 단순히
신경증이나 타고난 기질 탓으로 여
겨지던 정신질환이 19세기 말부터는
뇌의 문제일 수도 있음이 밝혀지면
서 현재에 이르렀다.

이렇듯 정신질환의 원인을 다르
게 인식하면서 치료 형태도 달라졌
다. 귀신 들림으로 보던 시대에는 환
자를 방임하거나 감금했는데, 정신
병원이 생기면서 수용하거나 입원시
키는 형태로 바뀌었다. 그러면서 수

구마 의식을 집전하는 성 프란치스코 보
르자를 그린 프란시스코 고야의 그림.

술이나 전기 충격이 발달하기 시작했다. 그러나 이런 식의 치료법이 비인간적이고 오히려 환자를 죽음으로 몰아넣는다는 사실이 밝혀지면서, 환자가 다시 사회의 일원으로 생활할 수 있게끔 치료하고 배려하는 식으로 변했다.

영화 〈뻐꾸기 둥지 위로 날아간 새〉(1975)는 아카데미 상과 골든 글로브 상을 비롯하여 온갖 상을 휩쓸 만큼 흥행성과 작품성을 모두 갖춘 고전이다. 범죄자인 맥머피는 교도소에서 강제노동을 피하려고 미치광이처럼 굴다가 정신병원으로 이송된다. 그곳은 순종적인 인간으로 만들어내려는 거대한 음모를 이루기 위해 환자에게 정신병 진단을 내리는 병원이다. 맥머피는 이곳이 교도소보다는 자유로울 것이라고 생각했는데, 그곳에 수용된 사람들이 병원의 압력에 짓눌려 무기력하게 살고 있으며 그 주체가 래치드라는 간호사임을 알게 된다. 맥머피는 저항하기 위해 일부러 일탈을 일삼다가 결국 병원을 탈출하기로 결심하고 마지막으로 파티를 벌인다. 래치드는 다음 날 난장판이 된 병원을 점검하던 중 환자 한 명에게 극단적인 선택을 하게끔 몰아간다. 이에 격분한 맥머피가 래치드에게 달려들다가 곧 끌려간다. 어느 날 새벽, 맥머피는 이마앞엽 절개술을 받은 채 병실로 돌아온다. 그와 함께 탈출하려 했던 인디언 친구는 정신이 나간 듯 둔해진 그를 그대로 살게 둘 수 없다는 생각에 베개로 질식시켜 죽인다. 그의 소원이었던 정신병동에서의 탈출을 이뤄주기 위해서다. 인디언은 환자들의 환호를 받으며 병원을 탈출한다. 둥지를 떠나 훨훨 날아가버린 것이다.

영화는 당시 정신병에 대한 인식이 어땠는지, 정신병원은 어떻게 운영됐는지를 보여준다. 통제되지 않는 환자는 묶어놓거나 정신치료라는 명목으로 뇌를 튀기고 절개하는 등, 지금은 상상도 할 수 없는 치료 행태도 등장한다. 이 영화를 보고 사람들은 충격을 받았고, 정신병원의 비인간적인 처우와 이마앞엽 절개술을 그만둘 것을 요구했다. 이후 약물이 발달하면서 1930년대부터 행하던 수술은 1970년대에 이르러 전 세계에서 금지되었다.

　대뇌는 크게 이마엽, 마루엽, 관자엽, 뒤통수엽으로 나뉜다. 대뇌를 둘러싸고 있는 대뇌 겉질은 신경세포체가 모여 있어서 중요한 곳이다. 뇌 안쪽의 대뇌 속질에는 뇌의 여러 곳을 연결하는 신경 줄기가 분포한다. 이마엽은 대뇌 앞쪽의 가장 넓은 부분을 차지하면서 기억력·사고력·감정 등에 관여하고, 고등한 정신 작용을 담당한다. 영화에서 이뤄지는 수술은 이마엽 절제술로 알려져 있지만, 정확히는 이마앞엽 절개술(전전두엽 절개술, Prefrontal lobotomy)이라고 해야 옳은 표현이다. 절제술이란 잘라서 없애는 것이고, 절개술은 단순히 자르거나 부수는 것이다. 수술 범위는 이마엽 전체가 아니라 이마엽 앞부분만이 해당된다.

　뇌 수술은 원시 시대나 고대부터 행해왔어도 현대적인 이마앞엽 절개술을 정신질환에 도입한 사람은 포르투갈의 에가스 모니스(1874~1955)라는 의사다. 그는 혈관에 염색 물질을 집어넣어 처음으로 모야모야병 같은 혈관 기형이나 뇌동맥류, 뇌종양 등의 진단을 내렸다. 1935년에 모니스는 우울증을 심하게 앓는 환자의 머리 뼈에 구멍을 뚫어 이마 앞부분에 에탄올을 주입해서 대뇌 속질의 일부를 녹였

포르투갈 1만 에스쿠도 지폐에 실린 에가스 모니스.

다. 그곳은 대뇌피질과 시상이나 시상하부가 연결되어 인간에게 중요한 감정이나 사고에 관한 정보를 제공하는 곳이어서 주로 공격성이 높은 정신질환자들을 대상으로 수술이 진행됐다. 이듬해에는 미국에서 머리뼈를 건드리지 않고 윗눈꺼풀 안으로 송곳 같은 것을 넣어 뇌의 일부를 으깨는 수술 방법을 개발했다. 전신마취도 필요 없고 쉽게할 수 있는 수술이어서 전 세계적으로 수십만의 사람들이 이 방법으로 수술을 받았다. 모니스 박사는 1949년에 노벨 생리의학상까지 받았으며, 누구도 그 치료 효과를 의심하지 않았다.

사실 이 수술은 공격적이거나 감정이 잘 조절되지 않는 조현병, 우울증, 강박장애 등을 앓는 환자를 위한 마지막 수단이었다. 최소의부위만 수술해도 그 부작용이 너무 심했기 때문이다. 수술받은 환자는 죽든지 바보가 되든지, 둘 중 하나였다. 그러니까 수술받은 환자가감정이 없어지고 무기력해지며, 지능의 감소로 얌전해지는 것을 보고효과가 있다고 여긴 것이다. 사실 이 수술은 치료법이 아니었다. 그저약물이 발달하지 않은 시대에, 시설에 가둬둔 환자들을 쉽게 통제하기 위한 수단일 뿐이었다.

영화 〈셔터 아일랜드〉(2010)에서는 이마앞엽 절개술을 두고 고민하는 의사들의 모습을 볼 수 있다. 중범죄를 저지른 정신질환자들을 격리한 정신병원에서 환자가 실종되고, 이를 수사하기 위해 연방보안관이 병원이 있는 섬으로 향한다. 환자는 자식 셋을 죽인 혐의를 받고 있는데, 이상한 쪽지만 남긴 채 흔적도 없이 사라진다. 연방보안관 테디는 그 정신병원에서 뭔가를 숨기고 있다고 느끼고 진실을 파헤치기 위해 분투한다. 영화는 이후로 엄청난 반전이 일어나고 결국 환자가 돌아와 스스로 이마앞엽 절개술을 택하는 것으로 끝난다. 영화의 배경인 1970년대까지만 해도 정신질환을 치료할 방법이 딱히 없어서 이런 수술이 각광받았다. 그러나 요즘은 정신질환을 물리적으로 해결하기보다는 정신분석과 약물로 해결하기 때문에 외과적 수술은 거의 없다.

영화 〈처음 만나는 자유〉(1999)에서도 1960년대의 정신병동 상황을 엿볼 수 있다. 수면제를 다량 복용한 후 경계성 성격장애로 판정받은 수잔나, 마약 중독으로 방황하는 탈출의 귀재 리사, 아버지에게 성폭행을 상습적으로 당해온 데이지 등 여러 인물이 정신병원에서 만난다. 가까워진 수잔나와 리사는 갈등을 겪고, 리사의 말에 충격을 받은 데이지는 자살한다. 수잔나는 결국 진정한 자유란 무엇인지 깨닫고 세상으로 나아간다. 이 영화에서 하이드로테라피(수치료)라는 요법이 등장하는데, 사람을 발가벗겨 6~8시간 동안 얼음 욕조에 담가두는 무자비한 시술이다. 쉽게 말하면 정신 차리게 하는 방법이다.

안정적이고 예측 가능한 감정이나 행동 경향으로 특징지어지는

● 〈뻐꾸기 둥지 위로 날아간 새〉의 한 장면. 자유분방한 맥 머피(잭 니콜슨)는 환자들에게는 인기 있지만, 책임 간호사와 자주 충돌한다.

●● 〈셔터 아일랜드〉의 한 장면. 고립된 정신병원에서 환자가 없어진 사건을 수사하기 위해 섬에 도착한 연방보안관 테디(레오나르도 디카프리오)와 그 일행.

●●● 〈처음 만나는 자유〉의 한 장면. 정신질환 치료법 중 하나였던 수치료. 환자를 얼음물에 담가두면 정신을 차린다고 착각했다.

것을 인격이라고 한다면, 영화의 주인공이 진단받은 경계성 성격장애는 불안정하고 예측하기 힘든 상태가 지속되는 것을 말한다. 성격장애는 정신의학에서 크게 세 가지 범주로 구분한다. 첫째는 괴이하고 별난 모습을 띄는데, 대게 조현병과 비슷한 증상을 보인다. 둘째는 변덕스럽고 감정 기복이 심한 범주로서 반사회적 성격장애, 경계성 성격장애, 연극성(히스테리성) 성격장애, 자기애성 성격장애가 있다. 셋째는 불안과 두려움 때문에 회피성 성격장애, 의존성 성격장애, 강박성 성격장애로 나타난다. 그중 경계성 성격장애는 정서나 행동, 대인 관계가 불안정하고 변동이 심한 상태로, 경계에 서 있듯이 위태위태하다는 뜻에서 이런 이름이 붙었다. 돌출 행동을 하거나, 주위를 의식하지 않거나, 자주 불안해하고 공허함이나 우울감에 빠지는 등의 증상을 보인다.

정신질환의 대표격인 조현병은 근대에 들어서까지 원인을 찾지 못했고 치료 방법도 없었다. 프랑스의 정신의학자 베네딕트 모렐(1809~1873)은 어릴 때부터 증상이 나타나고 치매처럼 정신이 황폐된다고 해서 조발성 치매라고 불렀다. 1911년에 스위스의 정신의학자 외겐 블로일러(1857~1939)가 이 병이 뇌의 병변으로 인한 것이긴 하지만 치매와는 다르다고 강조하면서, 정신분열증Schizophrenia이라고 명명하고 최근까지도 이 명칭이 사용되었다. 그는 이 병의 정신 역동적 의미를 더하여 세밀하게 여러 유형으로 분류하기도 했다.

그러나 정신분열이라는 말이 주는 어감이 좋지 않고, 병증을 정확히 나타내지 않아 오해를 불러왔기 때문에 한자 문화권을 중심으로 바꿔 부르기 시작했다. 일본에서는 2002년에 통합실조증統合失調症으로, 홍콩에서는 사각실조증思覺失調症으로 부르기로 했다. 한국에서도 다양한 전문가들이 모여 연구한 끝에, 2011년 조현병調絃病으로 개칭하였다. 거문고의 줄을 섬세하게 조율하듯 복잡한 뇌 신경망을 잘 조절해야 하는 병이라는 뜻이다. 2013년에 발행한 정신질환 진단과 통계 매뉴얼《DSM-5》에서는 조현병과 이와 유사한 정신장애를 묶어서 '조현병 스펙트럼 및 기타 정신병적 장애'라는 범주에 넣는다. 이전에 여러 가지로 나누었던 조현병과 유사 장애가 비슷한 임상 양상을 보이며 연속선상에 있다고 보기 때문이다. 이들은 상당 부분 비슷한 유전 요인과 환경 요인을 가지고 있기도 하다.

영화 〈우먼 인 윈도〉(2020)는 광장공포증으로 인해 집 밖으로 나가지 못하는 주인공 애나가 창문을 통해 집 주변을 관찰하곤 하는데, 어느 날 길 건너편에 새로 이사온 가족을 지켜보다가 살인 사건을 목격하게 된다. 애나가 본 사건 자체가 진실인지 혹은 자신의 환각인지 혼란스러워하는 내용이다. 살인 사건의 범인이 누구인지 찾는 범죄 영화라고는 하지만, 사실 주인공의 정신 상태에 초점을 맞춘다면 심리 스릴러물이라고도 볼 수 있다. 애나는 밖으로 나가지 못하는 대신 몰래 이웃집을 훔쳐본다. 영화를 본 사람들은 애나가 관음증觀淫症, Scoptophilia, Voyeurism이 있다고 잘못 생각하기 쉽다. 정신의학적으로 관음증은 다른 사람의 성기나 성행위 혹은 몸매를 보면서 성 만족감을 느끼는 이상 성욕을 가리킨다. 관음증 환자는 그 대상자와는 성행위를 하지 않고, 그를 보고 자위하면서 욕구를 해결한다. 그러니 주인공의 증상은 정신의학의 관점에서 보면 관음증이 아니라 단순한 훔쳐보기이며, 도덕이나 윤리 면에서 문제가 될 뿐이다. 사실 애나는 망상을 가지고 있었다.

망상은 외상에 의해서도 발생할 수 있다. 영화 〈프랙처드〉(2019)는 아이와 함께 떨어지면서 머리를 다친 아버지의 이야기다. 구덩이로 떨어지는 딸을 잡으려다 같이 떨어져서 정신을 잃었다가 깨어난 레이는 팔이 아프다는 아이를 병원으로 데려갔지만, 아이와 아내가 갑자기 사라지고 병원 사람들은 아이와 아내의 기록마저 없다고 부인한다. 인신매매나 장기를 적출하여 팔아먹는 것으로 의심하고 아버지는 병원에서 가족을 찾으려 악전고투한다. 영화 제목 프랙처드는 골절fracture을 뜻하며, 머리뼈 골절과 그로 인한 뇌 손상을 암시한다. 머리를 다친 상태에서 충격적인 현실을 받아들이지 못한 주인공 레이가 가짜 현실을 만들어낸 것이다.

조현병은 근·현대에 들어와서도 특별한 치료법이 없었지만, 최면 치료와 프로이트의 정신역동학 치료가 등장하면서 비로소 의학적인 처치가 가능해졌다. 1900년대 초에는 수면제 투여로 계속 잠만 재우는 지속 수면 요법, 1930년대에는 인슐린 주입으로 저혈당을 만들어 혼수상태를 일으키는 방법과 전기 경련 치료가 인기를 끌었다.

그러다가 1952년 클로르프로마진이 나오면서 약물로 치료하기 시작했다. 조현병은 도파민 활동 과잉이 문제인데, 클로르프로마진은 시냅스에서 도파민이 수용체에 결합되지 않도록 방해하므로 도파민 조절에 효과를 보인다. 이 약물의 개발로 전 세계 정신의학계는 흥분했고, 조현병의 완치를 기대할 수 있었다. 그러나 입이 마르고 체중이 느는 등의 부작용이 따랐고, 특히 졸림과 무기력증이 동반되어 약물을 복용한 사람은 멍한 상태로 지내는 경우가 많았다. 이후 할로페리돌, 리스페리돈, 클로자핀 등 더 효과 있는 약이 만들어지면서 부작용도 점점 줄고 있다.

망상은 조현병의 가장 대표적인 증상으로, 잘못된 생각이 뇌를 지배하게 되면 행동으로 유도해서 사회적인 문제를 일으키기도 한다. 영화 〈뷰티풀 마인드〉(2001)는 1940년대 제2의 아인슈타인으로 불렸던 천재 수학자 존 내시의 실화를 바탕으로 한 이야기다. 존 내시는 27쪽짜리 논문 한 편으로 경제학에 새로운 패러다임을 제시할 만큼 명석했지만, 소련 스파이가 자신을 미행하고 있다는 망상에 시달리면서 현실 세계와의 괴리감으로 괴로워하며 50년 넘게 조현병에 시달렸다.

망상의 내용은 시대와 상황에 따라 달라지기도 한다. 조선시대에는 칼을 든 자객이 따라온다든지, 일제강점기 같으면 일본 순사가 잡으러 온다는 식으로 시대별로 내용이 다르게 만들어지는 흥미로운 특징이 있다. 오래전 저녁 뉴스 시간에 앵커 뒤에서 갑자기 나타난 남자가 "내 귀에 도청기가 들어 있다"며 소리를 지르고 난동을 부린 적이 있는데, 이 사람도 조현병 환자였다. 간혹 조현병 환자가 살인을 저질렀다는 뉴스가 들려오지만 대부분 적절한 약물 치료와 관리를 받으면 정상 생활을 할 수 있다. 존 내시도 결국에는 병을 이겨내고 노벨상을 수상했다.

정신병원의 족쇄는
누가 풀었을까?

〈광녀들의 무도회〉

과거에 조현병과 같은 정신질환은 인간의 영혼을 사이에 두고 신과 악마가 다투고 있는 상태나 귀신 들린 상태라고 하여 수많은 사람이 마녀사냥으로 죽임을 당하거나 죽을 때까지 감금되었다. 1600년 대 네덜란드의 요한 와이어(1515~1588) 등이 정신질환자는 마녀가 아니라 정신병을 가지고 있는 사람이라고 주장하면서 그들을 새로운 시각으로 바라보는 계기가 되었고, 이를 정신의학의 제1차 혁명이라고 부르며 그들의 업적을 기리고 있다. 프랑스혁명과 계몽주의의 영향을 받아 많은 정신의학자가 정신질환자를 인도적으로 대해야 한다고 주장했다. 필리프 피넬은 환자의 족쇄를 풀어주고 환경을 개선하려고 노력했는데, 이를 정신의학의 제2차 혁명이라고 한다. 1900년대 들어 신경생리학이 발달하고 신약이 개발되면서 제3차 혁명의 시대가 열렸다.

오래전부터 일반 환자를 치료하는 병원은 있었다. 그렇다면 정신질환자들을 위한 정신병원은 언제 생겼을까? 1800년대 말까지만 해

살페트리에르 병원의 정문.

도 정신질환자를 관리하지 않았다고 해도 무방할 만큼 환자에 대한 대우가 후진적이었다. 시골이라면 헛간이나 움막에 가둬놓았고, 도시에서도 별다른 방법은 없었다. 1400년대에 들어선 최초의 정신병원도 환자를 쇠사슬로 묶어서 철창에 가둬놓는 수준이었다.

그중에서 가장 유명한 정신병원으로 프랑스의 살페트리에르 병원을 들 수 있다. 당시에는 세계 최고의 규모와 시설, 의료진을 갖추었고, 지금도 프랑스에서는 잘 알려진 병원이다. 프로이트가 신경병리를 연구하기 위해 잠시 머무르기도 하고, 미셸 푸코가 사망했으며, 다이애나 전 왕세자비가 교통사고를 당하고 후송된 병원이기도 하다. 원래는 화약 공장이 있던 자리였는데 홍등가 여성, 부랑자, 정신질환자를 수용하는 곳으로 바뀌었고, 1656년 루이 14세의 명령으로 병원을 지은 후에는 점점 확장되어 지금에 이르렀다. 프랑스혁명 당시까지만 해도 1만 명의 환자를 입원시켰다고 할 정도로 규모가 컸다.

신경학계에서는 지금도 명성이 자자한 장 마르탱 샤르코(1825~1893)가 1800년대 중반에 이곳에서 정신의학과를 책임지기도 했다. 뇌의 기능을 중심으로 정신의학의 문제를 밝히려고 했던 당시에는 신경생리학자들이 정신의학을 주도하려던 때였다. 그는 최면요법으로 정신질환자들을 치료하려 했고, 그 추종자들과 함께 살페트리에르 학파로 불렸다.

영화 〈광녀들의 무도회〉(2021)에서 샤르코는 환자를 이해하지 못하는 냉혹한 의사로 묘사되지만, 당시에는 최첨단 치료 방법인 최면요법으로 환자들을 치료하며 타의 추종을 불허할 정도의 업적을 남긴 인물이다. 살페트리에르 병원에서는 매년 사순절의 넷째 일요일마다 파리의 고위층 인사들이 참석해서 환자들을 위로하는 무도회를 개최하는 전통이 있었는데, 영화 제목은 이런 전통에서 따왔다. 귀족 집안의 큰딸인 외제니 클레리는 영혼들과 대화하고 수십 년 전 잃어버린 목걸이를 찾아주는 등 남다른 언동으로 인해 살페트리에르 병원으로 끌려간다. 샤르코 박사가 히스테리를 앓는 여인에게 최면요법을 걸어서 증상을 드러내고 사람들이 그 광경을 구경하는 장면은 화가 앙드레 브르외의 그림 〈살페트리에르 병원에서의 의학 교육〉(1887)을 그대로 옮겨 온 듯하다.

살페트리에르 병원을 언급할 때는 필리프 피넬을 기억해야 한다. 그는 의사 초년생 시절부터 의학 잡지를 통해 정신질환자들의 수용소 감금을 반대했고, 비인간적으로 대우해서는 안 된다고 주장했다. 그

앙드레 브르외가 1887년에 그린 〈살페트리에르 병원에서의 의학 교육〉. 영화 〈광녀들의 무도회〉에서 그대로 재현되었다.

제임스 노리스가 1815년에 그린 베들렘 정신병원의 환자(왼쪽). 1795년 토니 로베르 플뢰리가 그린 〈살페트리에르 병원에서 족쇄를 풀어주도록 명령하는 필리프 피넬〉(오른쪽).

가 1793년경에 유명한 정신병원인 비세트르 병원장으로 부임했을 때만 해도, 환자들은 쇠사슬에 묶여 생활했고 철창에 갇혀서 외부 사람들이 구경하게끔 되어 있었다. 피넬은 부임하자마자 모든 환자의 쇠사슬을 풀어주도록 했다. 피넬과 같은 선각자의 노력에도 불구하고 그 당시 정신질환자들에 대한 치료라고는 시설에 감금하거나 수水 치료 혹은 자석 요법, 2,000년 전부터 행해진 방혈 요법 정도였다.

1794년에 피넬은 살페트리에르 병원의 책임자로 부임했는데, 그때까지만 해도 이 병원은 범죄를 저질렀거나 정신질환을 앓고 있는 여성을 수용하는 곳이었다. 1년에 수백 명이 수용되고 대부분은 그곳에서 평생을 살았다. 들어온 사람들 중 2할 이상이 죽어서 나갔다고 한다. 그는 감옥과도 같았던 병원을 생활할 수 있는 공간으로 바꾸고, 환자들을 인간적으로 대우하고, 상태가 좋아지면 나갈 수 있도록 지침을 만들었다. 피넬이 뇌졸중으로 세상을 떠났을 때 장례식에서는 살페트리에르 병원에 수감된 적이 있던 많은 여성이 울면서 운구 행렬을 따랐다고 한다.

새로운 패러다임,
역동 정신의학

◆

〈데인저러스 메소드〉

사비나 시필레인(1885~1942)은 러시아 남서쪽에 있는 도시에서 태어났다. 부잣집 5남매 중 장녀로, 아끼던 여동생이 장티푸스로 죽자 정신적으로 혼란을 겪기 시작한다. 요양 겸 치료를 받으러 스위스에 가 있는 동안 발작이 심해져서 취리히의 정신병원으로 급히 옮겨졌다. 그곳에서 당대에 유명한 정신과 의사인 카를 구스타프 융에게 상담을 받는데, 심한 틱 증상이나 조울증(양극성 장애) 증상이 번갈아 나타나곤 해서 치료에 애를 먹는다.

〈데인저러스 메소드〉(2012)는 정신의학의 역사를 바꾼 프로이트와 융, 융과 더불어 역사의 뒷이야기로 유명한 시필레인이라는 여인이 등장하는 귀한 영화다. 영화에서는 시필레인의 정신질환을 히스테리성 발작이라고 표현한다. 정신의학이 발달하지 않은 당시에는 여성의 정신 문제는 모두 '히스테리'라는 단어로 싸잡아 진단했다. 히스테리는 '자궁'이라는 뜻으로, 자궁을 가지고 있기 때문에 정신적인 문제가 생긴다고 본 것이다. 특히 발작이나 감정 기복 등이 여성에게 나타날 때 이런 진단을 내리기 일쑤였다.

그러나 여러 번 상담을 진행하다 보니, 동생의 죽음은 증상이 발현된 동기일 뿐이고 어렸을 적 아버지에 의한 성적 학대가 근본적인 원인이었다. 병이 호전된 시필레인은 스위스에서 의과대학을 마치고 정신분석학 분야를 연구하다가 러시아로 돌아간다.

최면 치료 외에는 그다지 효과적인 치료법이 없었던 1800년대 말에 정신의학계에는 혁명적인 이론이 등장한다. 지그문트 프로이트 (1856~1939)가 내놓은 정신분석학이다. 프로이트는 살페트리에르 병원에서 최고의 심리 치료 기술을 자랑하던 샤르코 박사에게 교육받았으나, 최면 요법 일변도인 샤르코 박사와 환자를 바라보는 관점이 갈리면서 스승을 떠나 독자적으로 연구를 진행했다.

프로이트가 주창한 정신분석학psychoanalysis은 무의식, 이드, 리비도를 중심 개념으로 자유연상과 꿈 해석을 통해 내재된 억압과 방어기제를 찾아내서 치료하는 방법이다. 그는 조현병과 우울장애나 성격장애 등 여러 정신질환이 무의식에 있는 역동성이 왜곡됐기 때문에 생긴다고 주장했다. 무의식은 수면 아래 잠긴 빙산과 같아서, 억압된 사고와 감정, 성적 욕구, 공격성, 비이성적 욕망, 공포 등 본능적 욕구와 충동 등이 무의식의 세계에 존재하고 있다고 보았다.

자아ego는 양심과 도덕으로 무장한 초자아super-ego의 강한 통제 아래 있으며, 성욕과 공격욕을 뜻하는 이드가 억제당하면 현실 세계의 자아는 초자아로부터 벌을 받을 것이라는 불안을 느껴 탈출구를 찾는다. 이는 방어기제를 통해 드러난다. 즉, 비현실적인 모습이나 비정상적인 행동과 사고가 이루어지는 것이다. 프로이트는 가장 강력한 본능은 성적 욕구(리비도)이고, 그에 대한 억압이 문제를 일으킨다고 보았다.

프로이트의 이론은 '어린 한스'의 사례에서 잘 드러난다. 부모는 공포감으로 길거리에 나서지 못하는 5살짜리 한스를 프로이트에게 데려간다. 프로이트는 아이와 대화하기도 하고 꿈 얘기도 들으면서 오랫동안 드러난 현상과 결과를 기록하고 분석했다. 한스는 어머니의 사랑을 독차지하고 싶어서 아버지가 없어져버렸으면 좋겠다고 생각했던 것이다. 그러나 아버지에게 혼날 것이라는 두려움과 아버지가 없으면 집안이 어려워진다는 생각으로 괴로워했다. 아버지란 남근을 가진 인물로 인식되었고, 한스의 머릿속에서는 길에서 흔히 보던 큰 성기를 가지고 있는 말로 대치되었다. 한스는 말이 무서워서 거리로 나가지 못했던 것이다. 결국 꿈 내용을 얘기하면서 자신의 자아로는 인식할 수 없었던 무의식의 문제가 해소되었고, 시간이 지나면서 한스는 점차 회복해 아무 문제 없이 길거리를 다닐 수 있게 되었다.

그러나 프로이트의 이론은 무의식의 역동을 주로 개인의 성적 본능으로만 바라본다는 비난을 받았다. 그러면서 이에 반대하는 여러 이론이 등장했다. 그중에 프로이트의 품을 가장 먼저 박차고 나간 정신의학자가 카를 구스타프 융(1875~1961)이었다. 융은 무의식을 인정했지만, 개인의 성적 억압만으로 정신질환을 해석하려는 프로이트에 반대했다. 융은 정신세계의 원천이자 오랜 인류 역사를 통해 전해 내려온 보편적 정신세계가 있다고 보고, 이를 집단 무의식이라고 규정했다. 의식의 세계와 개인의 무의식, 집단 무의식이 충돌할 때 문제가 발생하며, 정신질환자의 콤플렉스가 어디에서 비롯됐는지 원인을 찾아내어 균형을 잡도록 돕는 것이 치료라고 강조했다. 융의 이론을 분석심리학analytic psychology이라고 한다.

프로이트와 융처럼 복잡한 정신 세계를 파헤치는 게 중요하다고 여기는 것을 역동 정신의학dynamic psychosis이라고 부른다. 정신병리 현상을 심리적·사회적 관계에서 파악하고, 심층적으로 분석해서 이해해야 한다고 주장한다.

스승과 제자 사이였거나 학문적 동료였던 세 사람은 말년에 너무도 다른 길을 걸었다. 프로이트는 나치가 정권을 잡았을 때 빈에서 쫓겨나 런던에 정착했고, 시가를 입에서 떼지 못한 탓인지 구강암으로 사망했다. 유대인인 시필레인은 프로이트, 융과 교류하면서 정신분석학 선구자로 활약하다가 1941년 독일이 러시아를 침공했을 때 두 딸과 함께 붙잡혀 학살당했다. 그리고 융은 색전증을 앓다가 85세의 나이로 세상을 떠났다.

잠은
꼭 자야 할까?

―――――◆―――――

〈인썸니아〉

인생의 3분의 1을 잠으로 낭비한다고 아쉬워하는 사람들이 많다. 하지만 잠자는 시간을 무조건 줄여가며 일하거나 공부한다고 해서 과연 인생이 풍요로워지고 이득이 될까?

잠은 뇌 신경세포의 화학반응에 의해 이루어지는 현상이다. 일과를 마친 후 졸리고 피곤해서 잠을 자는 것이 아니라, "이제는 교대해야 하니 낮 동안 수고한 육체는 자면서 쉬시오"라며 뇌가 잠을 자게끔 명령하는 것이다. 몸은 잠을 자는 동안 새로운 업무를 한다. 그래서 낮에 일할 때 활동하는 뇌세포가 있고, 밤에 잠들었을 때 활동하는 뇌세포가 따로 있다. 잠자는 동안에는 감각기관을 통해 들어오는 신호가 차단되고 근육은 이완된다.

잠을 자야 피로가 해소되는 것은 물론이고, 손상된 뼈나 근육이 회복되며 면역력도 높아진다. 잠을 자는 동안 성장호르몬이 더 많이 분비되기 때문에, 성장기에는 잠을 잘 자야 키가 큰다. 감정을 순화시키고 기억력을 보존하는 데도 잠은 중요한 역할을 한다. 잠이 부족해지면 집중력뿐 아니라 기억력도 떨어지기 때문에 적절한 수면을 취해야 공부도 잘된다. 잠을 제대로 못 자는 상태가 오래 지속되면 협심증 등 심혈관 질환에 걸리기 쉽다. 그래서 잠은 생존에 꼭 필요한 행위다.

잠은 몸이 안정되도록 항상성을 지키는 기제의 하나다. 인체는 생명을 이어갈 수 있도록 여러 가지 수치를 일정하게 유지해야 한다. 혈압은 130/80mmHg 이하, 맥박은 1분당 60~100회, 호흡수는 1분당 20회 정도여야 한다. 이 숫자를 넘어가면 고혈압이 되거나, 효율적으로 혈액 공급이 안 되거나, 과호흡으로 고산소혈증이 되어 혈액이 염기화되어서 위험해진다. 혈관을 돌아다니며 각 세포에서 에너지로 쓰이는 포도당은 100mg/dl이라야 하고, 체온은 항상 36.5℃여야 한다. 이처럼 인체를 지키려고 일정 수준을 유지하는 것이다.

항상성을 조절하는 대표적인 곳이 뇌의 시상하부로, 자율신경계와 호르몬 등을 통해 에너지 대사 수준이나 체온, 혈압, 맥박 등을 일정하게 유지한다. 수면 주기를 조절하며 항상성을 유지하는 것은 시상하부에 있는 교차위핵으로, 시간과 빛의 두 가지 자극을 감지한다. 깨어 있는 시간이 길어지면 교차위핵이 활동 시간이 길어졌음을 감지해서 피곤하고 졸리게 만든다. 오래도록 밥을 먹지 않으면 배가 고파서 식욕이 생기는 것과 마찬가지다. 낮에는 깨어 있게 하고 빛이 줄어든 밤에는 자도록 만들어주는 리듬도 교차위핵이 빛의 자극을 받아서다. 이러한 기전을 통해 일을 마친 밤에는 잠을 자고, 다음 날 아침이면 가뿐하게 일어나 하루를 시작할 수 있다.

낮에 보고 느낀 것은 신경세포 연결 부위인 시냅스 강화를 통해

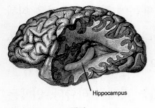

Hippocampus

해마

기억이라는 형태로 뇌에 저장된다. 기억의 핵심적인 중추는 해마인데, 바닷속에 사는 해마를 닮아서 붙은 이름으로 뇌의 중심부에 위치한다. 잠을 자는 동안 새로 저장된 기억을 담는 신경세포와 신경전달물질이 전달되는 시냅스는 다시금 활성화되는데, 시냅스는 장기 기억을 유지하는 데 중요한 역할을 한다. 실험쥐를 못 자게 하거나 자는 동안 뇌의 신경세포가 활성화되는 것을 방해했더니, 전날 습득한 기억이 오래가지 않았다는 연구 결과가 있다.

이렇듯 잠은 낮 동안 열심히 일한 몸과 뇌를 쉬게 하는 동시에, 새롭게 기억을 저장하고 정리한다. 잠 들었다가 살짝 깨어났다

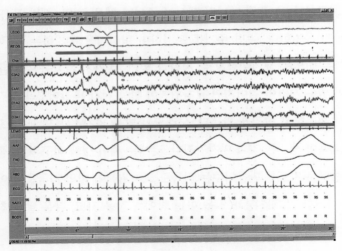

수면다원검사 중 렘수면 상태. 파란색 선으로 표시된 부분이 안구 운동을 가리킨다.

가 다시 깊은 잠에 빠지는 과정이 반복되고, 그 주기는 90~120분으로 4~5회 반복된다. 각 주기마다 5단계로 깊이가 조절되는데, 크게 렘수면(급속안구운동수면)과 비렘수면(비급속안구운동수면)으로 나뉜다. 렘수면은 얕은 잠을 자는 단계로 짧게는 10분, 길게는 30분가량 계속된다. 두뇌 활동이 가장 활발하게 이루어지는 때이므로 육체의 치유와 심리 상태의 회복, 기억력 향상에 중요하다. 렘수면 시기에 모든 감각기관과 골격근은 쉬지만, 뇌 활동은 왕성해지고 꿈을 꾸기도 한다. 이때 눈동자가 빠르게 움직이는 현상Rapid eye movement, REM이 나타나므로 렘수면이라고 부른다.

비렘수면은 깊이 잠들면서 나타나는 단계로, 수면의 깊이에 따라 1~4단계로 구분하는데 그에 따라 뇌파가 달라진다. 이때 불필요한 정보를 없애는 작업이 이루어지며, 이 작업이 안 되면 기억 저장과 학습에도 문제가 생긴다.

크리스토퍼 놀란 감독의 초창기 작품인 〈인썸니아〉(2002)는 알래스카에서 17세 소녀의 살인 사건이 일어나자 수사 의뢰를 받은 LA 경찰청에서 파견한 형사가 겪는 갈등을 다룬다. 월 형사는 숙소인 호텔에서 며칠이고 잠을 이루지 못한다. 아무도 모르는 죄책감 때문일 수도 있고, 알래스카 특유의 백야 현상 때문일 수도 있다. 햇빛이 드는 창문을 모두 막았는데도 제대로 자지 못해 매일 빨개진 눈으로 활동을 시작한다.

인썸니아Insomnia는 정신의학에서 '불면증'이란 뜻을 갖는다. 영화를 보다 보면 영화 내용과 불면증은 전혀 관계가 없는 것처럼 보인다. 놀란 감독은 이처럼 아무런 연관성 없는 것처럼 보이는 소재를 이용해 영화의 내용에 깊이를 더했다. 백야로 인해 현장에 도착한 후로 잠을 못 잔 상태에다가, 내사를 받으면서 마음고생을 하고 있는 상황, 실수로 동료 형사를 쏘게 되어 괴로운 심정을 겹쳐 표현한 것이다.

수면 질환에는 너무 잠을 못 자서 생기는 불면증, 반대로 너무 많이 자는 과다수면장애, 갑작스럽게 졸음이 덮쳐 문제가 생기는 기면증 같은 수면-각성장애가 있다. 가끔 잠을 못 잔다거나 감기약 등의 약물을 먹은 때를 제외하고, 오랫동안(보통 3개월 이상) 반복해서 수면의 양이나 질이 떨어지면 불면증이라고 한다. 잠들기 어렵거나, 잠들어도 오래 수면을 지속하지 못하거나, 잠들었다가도 너무 일찍 깨서 다시 잠이 오지 않는다면 수면의 양이나 질이 떨어진다.

불면증 초기에는 수면 위생sleep hygiene이 중요하다. 전염병에 걸리지 않도록 위생 관리를 잘해야 하는 것처럼, 잠을 잘 자기 위해서도 지켜야 할 것들이 있다. 우선 잠자리에 들었을 때 억지로 자려고 하지 않는다. 15분 이상 잠이 안 오면 일어나서 재미없는 책을 읽거나 TV를 시청하다가 졸리면 다시 잠을 청해보고, 그래도 잠이 안 오면 밤을 새우는 것도 나쁘지 않다. 그러면 다음 날 오히려 편히 잠들 수도 있다. 그 외에 수면을 방해하는 환경을 개선한다든지, 잠들기 전에 운동을 하거나 술을 마시는 등 각성 상태가 되지 않도록 주의한다. 우울증 환자들의 경우 불면증을 많이 호소하는데, 항우울제를 쓰면 잠을 잘 자곤 한다. 해외 여객기 승무원이나 교대로 밤 근무를 하는 간호사는 낮과 밤이 바뀌면서 잠을 못 자기도 하는데, 이때 멜라토닌 제제를 복용하는 것도 좋다. 멜라토닌은 빛이 적을 때는 많이 만들어지고 반대로 많을 때는 적게 만들어지면서 수면을 조절하는 호르몬이다.

과다수면장애는 7시간 이상 충분히 잠을 잤는데 계속 졸린 상태로, 각성제로 해결할 수도 있다. 이보다 과하면 기면증이라고 한다. 기면증嗜眠症의 '기嗜'는 탐닉한다는 뜻인데, 잠을 좋아하는 것이 아니라 엄연히 정신질환이다. 밤에 충분히 잠을 자도 일상 활동을 하는 낮에 못 참을 정도로 잠이 쏟아지는 수면발작, 웃거나 화를 내는 등 갑작스러운 감정 변화가 있을 때 잠에 빠지면서 근육의 힘이 풀려 쓰러지는 탈력발작이 이에 속한다.

잠들기 직전에 환청·환시와 같은 환각 증상이 있거나, 자는 도중에 환각을 느끼는 가위눌림(수면 마비)도 자주 일어나는 수면장애다. 이는 자는 중에 환각을 경험하는 특이한 상황으로, 꿈을 꾸는 렘수면 단계에서 일어나기 때문에 근육 이완으로 몸을 움직일 수 없는 상태이지만 의식은 깨어 있다. 완전히 각성된 상태가 아니어서 깨어 있다는 생각이 들 뿐 감각이 불완전하기 때문에 환시나 환청, 환촉 등의 감각을 경험한다. 잦은 악몽도 렘수면 때 생기는 수면장애다.

또한 몽유병이라 불리는 수면보행증, 주로 소아에게 나타나며 자다가 소리 지르면서 격한 움직임을 보이는 야경증(수면놀람증)은 근력이 이완되지 않은 시간에 일어나는 비렘수면 각성장애다. 렘수면 상태인데 근력 이완이 불완전하게 이루어져 꿈속에서 하는 행동을 실제 그대로 하는 경우가 있다. 옆 사람을 때린다든지, 알아듣지 못하는 말을 하는 것은 렘수면 행동장애라고 한다. 수면무호흡증은 뇌에 손상이 왔거나 코골이가 심해 호흡곤란이 오는 경우로, 호흡 관련 수면장애로 분류한다.

　잠은 필수불가결한 것이지만, 무조건 8시간씩 자야 하는 건 아니다. 사람마다, 상황에 따라 다르고, 습관에 따라서도 수면 시간이 다르다. 잠은 많이 자는 것보다는 질이 더 중요하다. 적게 자든 많이 자든 일상 활동에 지장을 주지 않으면 된다.

한 시간에 소주 한 잔이
적당하다고?

◆

〈어나더 라운드〉

술을 언제부터 마시기 시작했는지는 아무도 모른다. 최근에는 원숭이가 인간보다 빨리 술을 접했다고 주장하는 학자도 있다. 원숭이가 바위 구멍에 과일을 숨겨둔 것이 발효되었고, 이것을 인간이 우연히 맛보고는 만들어 먹기 시작했다는 가설이다. 초기에는 과일이나 곡물을 발효시켜서 술을 만들었고, 주정을 이용한 술의 역사가 길지 않기에 증류주인 소주도 그리 오래되지 않았다.

술은 사람들에게 많은 사랑을 받지만, 몸에 해롭고 뇌에 영향을 미친다는 문제가 있다. 술에 취하는 것은 잠드는 것과 비슷하다. 사람마다 다르지만, 혈중 농도에 따라 설잠이 든 듯한 상태부터 완전히 의식을 잃는 상태까지 다양하게 나타난다. 영화 〈어나더 라운드〉(2020)는 평범한 네 명의 중년 교사가 술로 인해 달라지는 모습을 보여준다. 주인공 마르틴은 수업을 재미없게 한다는 평가를 받는 고등학교 역사 교사로, 친구인 동료 교사들과 마찬가지로 가정과 학교에서 권태와 무기력에 빠져 살아간다. 네 명의 친구는 노르웨이 정신의학과 의사

이자 심리 치료사인 핀 스코르데루Finn Skårderu(1956~)가 혈중알코올
농도가 0.05퍼센트로 유지되는 게 인간의 본성에 맞다고 주장한 이론
에 따라, 매일 혈중알코올농도를 0.05퍼센트로 유지하기로 결의한다.
그러나 이 이론은 이탈리아 소설가인 에드몬도 데 아미치스가 쓴 《와
인의 심리적 효과에 대하여On the psychological effects of Wine》란 책의
서문을 발췌해서 번역할 때 생긴 오해라고 한다.

어쨌든 그들은 나름대로 규칙을 정한다. 혈중알코올농도는
0.05퍼센트로 유지하되 수업 전에만 마시고 저녁이나 주말에는 금주
하기로 한 것이다. 수업도 생기가 돌고 학생들도 흥이 나면서 결과는
모두 만족스러웠다. 그러나 각자 혈중알코올농도를 달리하여 학교나
주변 관계가 어떻게 변하는지 실험하면서부터 상황이 달라진다. 최고
의 카타르시스를 느끼는 수준이 어느 정도인지 알기 위해 조금씩 음
주량을 늘리거나 도수 높은 술을 마시면서 알코올 중독 상태에 빠지
고, 문제가 생긴다.

술에 포함된 알코올은 중추신경계 억제제다. 술을 마시면 감정
이 격해지거나 쉽게 흥분하는 이유는, 대뇌의 고급 의식 활동은 예민
해서 억제되고 그 반동으로 본능을 주도하는 감정 기능이 활성화되기
때문이다. 심하게 마시다 보면 뇌의 모든 기능이 떨어진다. 그래서 알
코올은 향정신성 약물에 속한다. 다른 약물과 달리 술은 규제나 관리
를 하지 않고 자유롭게 소비하도록 놔두는 것이 문제가 아닐까 싶다.
우리나라 20세 이상 1인당 알코올 소비량은 한 해에 10리터(순수 알코
올만) 정도로 술에 관대해서 술을 많이, 자주 마시는 사람이 많다. 술을

오랜 기간 자주 마시면 체내로 흡수된 알코올에 의해 지방 이용률이 줄어든다. 이때 지방이 체내에 쌓여 비만이 오기 쉽고, 요산이 축적되어 통풍이 악화된다.

술에 들어 있는 알코올 성분은 구강 점막에서 극히 일부만 흡수된다. 나머지는 위에서 20퍼센트, 작은창자에서 80퍼센트가 흡수된다. 흡수된 알코올은 간문맥이라는 정맥을 통해 간으로 간다. 간에서는 알코올을 독성 물질로 인식해서 이를 중화하거나 분해시켜 빨리 제거하려고 하는데, 이를 알코올 대사라고 한다. 알코올은 간에서 대부분 분해되고, 10퍼센트 정도는 땀이나 소변, 호흡 등을 통해 제거된다. 음주 측정에 이용하는 혈중알코올농도는 혈액 부피당 알코올의 무게로 규정하며, 호흡을 통해 나오는 알코올을 물리화학적으로 변환시켜 혈중알코올농도를 측정한다.

이 과정을 통해 간 세포질에서 알코올탈수소효소ADH의 작용으로 아세트알데하이드가 만들어지는데, 이는 인체에 해롭다. 술을 한꺼번에 많이 마시면 아세트알데하이드가 과도하게 만들어지면서 혈액으로 빠져나가고, 혈관 확장으로 얼굴이 붉어지고 맥박이 빨라지며 두통이나 메스꺼움을 일으킨다. 밤에는 자주 깨지 않도록 항이뇨호르몬이 작용하는데, 과음하면 이 호르몬이 억제되어 밤중에 자주 소변을 보기도 한다. 한밤중에 목이 타서 물을 자주 마시는 이유도 소변량이 많아지기 때문이다.

아세트알데하이드는 간암이나 위암을 일으키는 1급 발암물질이어서 유해하지 않은 물질로 빨리 전환하려고 한다. 이 과정은 간세포의 미토콘드리아에서 이루어지는데, 알데하이드탈수소효소ALDH가 관여해서 안전한 물질이자 식초의 원료이기도 한 아세테이트(아세트산)로 바꾼다. 이것은 다시 탄소와 물로 분해되거나 다른 대사 과정을 거치면서 지방 합성에 이용된다. 이외에도 몇 가지 효소가 관여하며, 이를 알코올 분해효소라고 한다. 동양인의 30~40퍼센트는 이 효소가 서양인에 비해 부족하기 때문에 알코올 분해 능력이 떨어진다. 그래서 금세 얼굴이 빨개지는데, 이를 동양인홍조증후군이라고 부르기도 한다. 알코올 분해 능력은 인종뿐 아니라 성별, 나이, 몸무게, 간 질환 유무 등에 따라 좌우된다.

간이 해독하지 못할 정도로 알코올이 빠르게, 많이 체내로 들어오면 분해 과정을 거치지 않은 채 혈액으로 빠져나간다. 20도짜리 소주 한 잔에 알코올이 10그램 정도 들어 있고, 간에서 알코올이 안정된 물질로 분해되는 속도는 시간당 7~10그램이라고 한다. 따라서 한 시간에 한 잔씩 마셔야 안정된 물질로 바뀌어 배출되는 셈이다. 그 이상의 속도로 마시면 간의 분해 능력을 벗어난 여분의 알코올이 혈액으로 빠져나가 여러 장기에 영향을 미친다. 그러니 안전하게 술을 마시고 싶다면 소주 한 병을 7~8시간에 걸쳐 마셔야 한다는 뜻이다.

과거에는 반주 정도로 간단히 마시는 술은 혈액순환에도 좋고 사교에도 도움이 된다며 긍정적으로 여겼지만, 최신 연구로는 한두 잔의 술도 건강에 해롭다고 한다.

알코올 중독의
끝은?

술에 관대한 사회인 만큼 술로 인한 문제점도 적지 않다. 알코올 관련 질환 중에서도 간경화와 뇌의 병증이 특히 심각하다. 그래서 병원에 오는 환자들 중 극심한 알코올 중독자는 60세를 넘기지 못하고 사망하는 경우가 많다. 그런 환자들은 하루 종일 술을 마시기 때문에 항상 술 냄새를 풍긴다. 대개는 식사도 거르기에 몸이 말라 있다. 심한 알코올 중독이 지속되면 간경화로 황달이 오거나 복수가 차고, 뇌를 자극해서 생기는 간성혼수가 와서 위험해진다. 제일 나쁜 경우는 간경화로 인한 식도정맥류다. 전공의 시절 지방 병원에 파견 나갔을 때, 응급실에서 식도정맥류 파열로 피를 토하는 알코올 중독자를 종종 보곤 했다. 출혈이 심한데 출혈 부위를 찾을 수가 없어서 과다출혈로 죽는 경우도 많았다.

알코올은 다른 독성 물질처럼 중독성을 가진다. 중독intoxication 이란 독성 물질이 체내에 작용하여 기능장애를 일으키는 것이다. 독약처럼 소량으로 치명적인 손상을 입히면 급성 중독이라 하고, 장시간 계속 사용으로 축적되어 손상을 입히면 만성 중독이라고 한다. 만성 중독을 일으키는 물질로는 벤젠과 같은 유기용제, 석면이나 실리콘 등의 광물, 농사에 사용하는 농약과 납, 수은, 망간, 크로뮴, 카드뮴, 비소 등의 중금속까지 다양하다. 많은 이들을 괴롭힌 가습기 살균제 사건은 의약품이나 화학물질에 의한 만성 중독에 해당한다.

마약이나 향정신성 약품, 알코올, 담배도 만성 중독을 일으키는 물질에 해당하는데, 특히 강한 의존성이 있어서 사회적 문제를 야기하기도 한다. 흔히 술을 자주 마시는 탐닉 성향을 "술에 중독됐다"고 하지만, 중독이란 인체에 독성이 있다는 표현이므로 "알코올 의존성을 가진다"라는 게 정확한 표현이다. 알코올 중독도 급성과 만성으로 나뉜다. 일시적으로 문제가 되는 급성 알코올 중독은 혈액 부피당 알코올의 무게인 혈중알코올농도에 따라 달라지며, 처음에는 멀쩡해 보여도 서서히 행동이나 판단에 변화가 오고 반응이 느려진다. 그러다가 뇌에서 도파민 분비가 늘어나면서 기분이 좋아지고 기력이 넘치지만, 기억력이 떨어지면서 말이 꼬이거나 몸을 비틀거린다. 조금 더 취하면 대뇌 전반에 영향을 주어 감정 기복이 심해지고 판단력과 행동이 둔해진다. 감각 기능이 떨어지면서 보고 듣는 것이 비정상적이 된다. 또한 말을 제대로 하지 못하고, 속이 메슥거리기 시작하면서 심하게 토하기도 한다. 이런 상태는 자동차운전면허 취소 수준인 혈중알코올농도 0.1퍼센트(100mg/dl) 이상에 해당된다.

여기서 술이 더 들어가면 어떻게 될까? 대뇌의 인지 기능이 완전히 떨어져서 시공간을 구별하지 못한다. 해마가 영향을 받아 전혀 기억하지 못하는데, 이를 블랙아웃Black-out이라고 한다. 블랙아웃 현상은 일종의 경고 신호로, 이 단계가 자주 반복되면 회복할 수 없을 만큼 치명적인 뇌 손상을 입을 수 있다. 웬만한 자극으로는 고통을 느끼지 못하고, 소뇌에도 영향을 미쳐서 걸음을 걷지 못하거나 주저앉거나 길바닥에 드러눕기까지 한다. 이 정도가 혈중알코올농도 0.2퍼센트 상태다. 혈중알코올농도가 0.3~0.4퍼센트를 넘어가면 인사불성이 되어 혼미해지고, 심한 경우에는 혼수상태에 빠지거나 심정지와 호흡 곤란이 오면서 사망에 이르기도 한다.

만성 알코올 중독은 오래도록 알코올을 섭취할 때 나타난다. 알코올 중독자는 알코올 열량으로 버틸 수 있기 때문에 영양가 있는 음식을 섭취하지 않는 경향이 있다. 그래서 영양결핍이나 기아 상태에 빠지기도 한다. 또한 위염이나 식도염, 급·만성 췌장염, 간경화, 간암 같은 심각한 병을 얻기도 한다. 만성 알코올 중독 상태가 되면, 당분을 에너지로 바꾸는 데 중요한 역할을 하고 심장이나 신경계, 근육 등의 기능을 유지하는 데 필요한 비타민 B1(티아민)이 부족해지면서 심각한 병증이 생긴다. 뇌가 만성적으로 위축되어 인지 기능 장애를 일으켜 치매와 같은 상태가 되고, 안구운동에 이상이 생겨서 복시나 안구진탕이 일어나며, 보행 장애를 일으킨다. 기억 감퇴, 우울 증상, 불안, 망상, 허언 등의 정신장애가 나타나고, 혼미와 정신 혼란이 오면서 사망을 초래하기도 한다. 이렇듯 심한 뇌 증상을 베르니케-코르사코프증후군Wernicke-Korsakoff syndrome이라고 한다. 진단받았을 때 곧바로 고단위 비타민 B1 제제를 투여하면 상태가 호전되지만, 기억장애는 남

● 〈라스베가스를 떠나며〉의 한 장면. 벤(니콜라스 케이지)은 심한 알코올 의존증을 가졌지만 세라를 만나고 달라지려 애쓴다.

●● 〈남자가 사랑할 때〉의 한 장면. 사랑하는 남편(앤디 가르시아)과 두 딸이 있는데도 알코올 의존증에 빠진 앨리스(맥 라이언)로 인해 가족이 겪는 갈등을 담았다.

을 수 있다.

우리가 흔히 마시는 소주 종류는 증류로 얻은 에탄올(에틸알코올)에 물을 섞은 것으로, 술의 도수는 그 농도에 따라 정해진다. 그런데 심한 알코올 의존증 환자들은 쉽게 구할 수 있는 메탄올을 물로 희석해서 마시다가 실명하거나 사망하기도 한다. 에탄올은 인체에 들어가서 독성이 중화되므로 마실 수 있다. 하지만 메탄올은 포름알데하이드로 바뀌고 독성이 제거되지 않아 인체에 치명상을 입힌다. 게다가 에탄올과 메탄올은 냄새부터 다르다. 메탄올도 알코올류에 속하지만 엄연히 다른 물질이라, 주로 공업용으로 쓰이며 화학약품을 만들 때 이용한다. 술 냄새보다는 자동차 연료나 석유 제품 냄새가 나기 때문에 술맛을 느낄 수 없다. 그런데도 메탄올을 마시는 이유는 중추신경을 자극하므로 취하는 느낌이 들기 때문이다.

영화 〈라스베가스를 떠나며〉(1995)는 주인공 벤의 알코올 급성 중독과 만성 중독 상태를 아주 잘 연출했다는 점이 돋보인다. 벤은 돈이한 푼도 남지 않으면 구걸하다시피 친구에게 돈을 꿔서 기어코 술을마신다. 심한 알코올 의존증 환자이기 때문이다. 그리고 영화 〈남자가사랑할 때〉(1994)는 가족 중 하나가 알코올 의존증을 가졌을 때 그들이겪는 아픔과 갈등을 잘 표현했다. 앨리스는 사랑하는 남편과 두 딸이있고, 행복한 삶을 살면서도 알코올 의존증에 빠진다. 어느 날 둘째 딸이 "알코올 중독(알코올 의존증)이 뭐야?" 하고 물으니 아빠는 "나쁜 습관같은 거야. 병이 걸리는데도 계속 술을 마시게 되는 거지"라고 말하고, 언니는 "엄마가 항상 하는 거야. 항상 졸린 듯이 말하고, 자꾸 잊어버리고, 울고"라고 대답한다. 알코올 의존증이 어떤지 쉽게 알 수 있는 대사다.

알코올이 간의 분해능력을 초과해서 혈액으로 넘어가면 5분 안에 인체의 모든 장기로 전달되고, 10분이면 대뇌에 작용해서 취한 느낌이 든다. 혈중알코올농도는 뇌척수액에서의 알코올 농도와 같아서, 혈액 속의 알코올은 뇌의 방어벽(혈액뇌장벽)에서 걸러지지 않고 그대로 뇌에 반영된다. 혈액 속의 알코올은 여러 장기의 세포막을 손상시키고 뇌세포를 파괴하는데, 오래 지속되면 위나 장에 영향을 주거나 간경화, 간암 혹은 대뇌를 위축시켜서 건망증이나 치매와 같은 현상이 일어난다. 임산부가 술을 마시면 태아의 뇌 손상이 심해지고 기형아를 낳을 확률이 높아지므로 절대 피해야 한다.

특히 우리가 해열과 진통 효과를 얻기 위해 흔히 사용하는 타이레놀은 아세타미노펜이라는 성분으로 되어 있는데, 술을 마시면서 동시에 고용량으로 복용하면 간이 위험해진다. 아세타미노펜은 간에서 분해되면서 열을 내리고 진통 효과를 보이는데, 이 과정에서 일부가 독성 물질로 바뀐다. 다행히 이 정도는 글루타치온이 촉매 역할을 하면서 독성이 없는 물질로 만들어주지만, 아세타미노펜을 과량 복용할 때나 다른 이유로 글루타치온이 부족한 상황이 발생하면 간염을 일으킨다. 감기몸살이나 통증으로 아세타미노펜을 고용량 복용하면서 술을 마시면 알코올을 분해하는 데 효소와 역량이 집중되고, 글루타치온도 항산화 작용으로 참여하게 되어 술을 분해하는 데 부족한 상황이 벌어진다. 즉 술을 많이 마실수록 글루타치온은 부족해지고 독성을 가진 아세타미노펜의 분해 산물은 쌓여서 간 상태가 악화되고 마는 것이다.

흔히 술에 대한 잘못된 상식이 있는데, 가장 흔한 것이 술을 마실수록 알코올 분해효소가 늘어나리라는 착각이다. 술을 자주 마시다 보면 주량이 점점 느는 것처럼 보이기도 하지만, 사실 분해효소가 늘어나서 분해 능력이 좋아지는 것이 아니라 몸이 적응한 결과다. 그리고 술을 깨기 위해 숙취 음료를 마시거나 찬물로 샤워하거나 운동을 하는데, 알코올 분해에는 별로 도움이 되지 않는다. 알코올 분해 능력은 정해져 있다는 사실을 잊지 말자.

내 안의 또 다른 나,
해리성 장애란?

◆

〈마음의 행로〉, 〈이브의 세 얼굴〉,
〈23 아이덴티티〉, 〈지킬 박사와 하이드〉

40~50대라면 일본 만화영화 〈마징가 Z〉를 기억할 것이다. 악전고투하며 악의 무리와 싸워 세계 평화를 지키는 로봇의 이야기로, 악당인 아수라 백작은 얼굴이 반반으로 나뉘어 다른 모습을 하고 있다. 각각 남성과 여성의 목소리를 내고, 성격도 다르다. 힌두교에 나오는 반신반인의 이름에서 따왔다고 하는데, 1970년대에 이런 설정을 생각해냈다는 게 놀랍다.

아수라 백작은 정신의학적으로는 해리성 장애로 볼 수도 있다. 해리성 장애란 말 그대로 원래의 인격체와 동떨어진 모습을 보이는 것으로, 해리성 기억상실, 해리성 정체성 장애, 이인성 장애로 분류한다. 최근에야 정신 역동이 파악되면서 그 정체가 조금씩 밝혀지고 있다.

〈마음의 행로〉(1942)는 제1차 세계대전을 배경으로 하는 영화다. 전투 도중에 부상을 입고 기억을 잃어 언어장애까지 얻은 찰스는 폴라를 만나 결혼하고 행복하게 살다가, 교통사고를 당한다. 사고로 다시 기억상실이 와 폴라와 함께한 세월을 잊은 채 고향으로 돌아가 사업가로 대성한다. 폴라는 말없이 찰스의 기억이 되살아나기를 기다리며 그의 비서로 일하고, 결국 기억이 돌아와 두 사람은 재회한다.

찰스가 앓았던 질환은 해리성 장애 중에서 해리성 기억상실에 해당한다. 전쟁 중에 무참히 죽어가는 전우를 지켜보며 포탄이 날아드는 참호 속에서 공포감에 휩싸였고, 맞서기 어려운 트라우마로부터 도피하는 수단으로 기억상실(해리)이란 방어기제를 택했던 것으로 보인다. 이런 환자의 경우는 언어 능력이나 지적 능력은 온전히 남아 있는데, 기억이 돌아오면 이전의 기억이 사라진다. 영화 대사처럼, "그의 머리에서 한쪽 문이 닫히고, 대신 다른 쪽 문이 열리는" 상태가 된다.

해리성 정체성 장애를 다루는 영화 〈이브의 세 얼굴〉(1957)은 실화를 바탕으로 한다. 차분하고 순종적인 전업주부 이브 화이트는 평소에는 괜찮다가 두통이 심해지면 갑자기 기억이 사라진다. 정신을

〈마음의 행로〉에서 폴라는 찰스를 찾아내지만, 기억을 잃고 다른 삶을 살고 있다(왼쪽). 〈이브의 세 얼굴〉에서 평범한 전업주부였던 이브 화이트는 밤늦도록 술을 마시고 즐기는 이브 블랙이라는 여인으로 바뀌기도 한다(오른쪽).

차리고 보면 평소에는 입지 않을 만한 옷을 구입했거나, 딸에게 폭력을 휘두르는 나쁜 엄마가 되어 있다. 결국 정신과 상담을 받으러 가고, 자신의 내면에 이브 블랙이라는 또 다른 인격이 존재한다는 사실을 알게 된다. 블랙은 남편도 아이도 부정하며, 쾌활한 성격에 음주가무를 즐긴다. 진료를 담당한 의사는 처음에 주인공이 거짓말을 한다고 생각했으나, 새로운 인격으로 바뀌는 장면을 직접 목격하고 병임을 인정한다. 의사는 최면 치료를 통해 어린 시절의 기억을 끄집어내어 문제를 해결하려고 한다. 그 와중에 또 다른 인격인 제인과도 마주한다.

당시에도 그렇지만 요즘에도 해리성 장애는 아주 드물다. 해리성 정체성 장애는 흔히 다중인격장애라고도 하는데, 한 사람 안에 둘 이상의 정체성이 있고, 각자 다른 성 정체성이나 이름, 경험을 지니며, 서로 경쟁하면서 갈등을 빚을 때도 있다. 다른 인격체로의 변화는 급격히 이루어지고, 간혹 다른 인격체일 때를 기억하기도 한다. 치료자는 인격체 각각의 특징을 알아내서 여러 인격과 집단 치료를 시행하게 한다. 인격을 하나하나 불러내어 우월한 위치에서 조종하려는 인격과의 갈등과 힘의 기울기를 파악하면서 문제를 해결하는 것이다. 22명의 서로 다른 인격을 다룬 스릴러물로 영화 〈23 아이덴티티〉(2016)에서 이러한 내용을 볼 수 있다.

정상으로 돌이키기는 쉽지 않지만, 최면요법이나 자유연상, 지지요법 등을 활용해서 치료한다. 최면 치료는 특수한 의식 상태를 만들어서 무의식의 기억을 떠올리게 하는 정신의학 기법이다. 새로운 내용을 만드는 것이 아니라 뇌 신경세포의 생리 반응을 통해 묻힌 기억을 꺼내는 것이다. 최면을 일컫는 Hypnosis는 그리스어 hypnos(잠)에서 왔지만, 수면 상태라기보다는 몰입 상태라고 보아야 한다. 최면은 오래전부터 해왔던 방법인데, 현대적인 최면 치료는 스코틀랜드 출신의 의사 제임스 브레이드(1795~1860)가 정립했다. 최면술로 자기 통제가 약화된 환자의 자아는 퇴행하기 쉬워서, 무의식의 세계가 겉으로 드러나면 억압되었던 갈등이나 잊었던 기억이 회복되어 떠오른다. 최면 분석을 통해 여러 상황을 돌아보다가 안 좋은 사건을 재경험하는 과정을 통해서 증상이 좋아질 수도 있다. 이때 치료자가 특정한 신호를 보내면 깨어나게 되고, 그 후에도 최면 상태에서 주입했던 지시를 따르는 문제가 있을 수도 있다. 영화 〈첫눈이 사라졌다〉(2020)는 최면술이라는 소재와 날카로운 사회 풍자까지, 전에 볼 수 없었던 색다른 내용을 담고 있다.

해리성 정체성 장애에 관해 가장 유명한 작품이 있다면 〈지킬 박

〈23 아이덴티티〉에서 케빈(제임스 맥어보이)이 정신과 의사에게 상담을 받고 있는데, 의사는 22개의 차트를 탁자에 쌓아둔다(왼쪽). 해리성 정체성 장애가 정확하게 알려지지 않았을 때, 작가 스티븐슨은 전혀 다른 인격을 가진 한 인물을 〈지킬 박사와 하이드〉로 표현했다(오른쪽).

사와 하이드〉(2002)다. 지킬 박사는 인간의 내면에 분출하지 못한 억눌린 욕구나 공격성이 있다는 것을 알고, 약물을 복용하여 선한 인간과 악한 인간으로 분리하는 데 성공한다. 낮에는 덕망 있는 의사이지만, 밤에는 잔혹한 인간으로 변한다. 지킬 박사는 밤마다 하이드가 저지른 끔찍한 사건을 기억하지 못한다. 이 영화의 원작 소설이 출간된 19세기 후반에는 정신의학계에서도 정신 질환에 대한 개념이 정립되지 않아서 환자들을 빙의된 것으로 여기고 정신병원에 가두었다. 그 이후에야 프랑스의 장 마르탱 샤르코와 피에르 자네가 정신질환으로 인식했고, 프로이트가 정신역동성을 설명하면서 해리성 정체성 장애가 정신의학에 포함되었다.

그 외에도 자신이 변했다고 느끼는 이인증depersonalization과 외부 세계가 달라졌다는 비현실감을 느끼는 비현실감 장애derealization disorder가 있다. 이인증은 어느 날 갑자기 자기가 아닌 것 같은 느낌이 들기도 하고, 꿈을 꾸는 것처럼 분리된 느낌이 들거나, 신체를 기계처럼 느끼거나, 몸의 일부가 분리된 느낌 등 증상이 다양하다. 비현실감은 늘 접하던 사람이나 환경, 사물이 낯설게 느껴지는 것인데, 종교에서 이런 현상을 유도하기도 한다. 이런 증상은 심각하지는 않아서 정신분석이나 지지요법, 약물 치료 등으로 치료가 잘 되는 편이다. 비교적 흔히 겪는 현상으로, 어린 시절 정서적 학대나 방치 등 정신적 외상을 겪은 경우에 주로 나타난다고 한다. 잦은 신체 학대, 친한 사람의 죽음, 성폭력 경험, 힘든 재정 상황이나 실직 등 환경적인 요인으로 유발되기도 한다.

우울증은 정말
감기 같은 병일까?

◆

〈남편이 우울증에 걸렸어요〉, 〈데몰리션〉

우울증은 아직 명확한 원인이 밝혀지지는 않았다. 사회 요인, 심리 요인, 생물학 요인이나 질병에 뒤따르는 신체 요인이 있다고만 알려졌을 뿐이다. 비관하거나 고통을 겪다가 심하면 자살을 기도할 수도 있어서 제때 치료하는 것이 중요하다.

우울증이라고 해서 반드시 우울하기만 한 것은 아니다. 우울증이라면 왠지 어둡고 침울할 것 같지만, 영화 〈남편이 우울증에 걸렸어요〉(2011)는 밝고 사랑스러운 내용으로 가득하다. 평범한 회사원 미키오와 만화를 그리는 하루코는 부부로, 알콩달콩 살던 중에 미키오에게 알 수 없는 무력감과 통증이 조금씩 찾아오더니 우울증 판정을 받는다. '마음의 감기'에 걸린 남편을 위해 하루코는 남편의 재활을 도우면서 생활 전선에 뛰어든다. 만화가 겸 에세이 작가인 호소카와 텐텐이 우울증을 앓는 남편과 자신의 이야기를 엮어서 영화로 만든 작품으로, 실제 경험을 살렸기 때문에 우울증의 증상들이 아주 잘 드러난다.

뇌 신경세포의 신경전달물질인 세로토닌은 뇌뿐만 아니라 소화

작용이나 뼈 형성 등 몸 곳곳에서 중요한 작용을 한다. 뇌에 전달되면 행복감을 느끼게 하며, 세로토닌이 결핍되면 우울감이 생긴다. 우울증 환자들은 세로토닌을 투여하거나, 더 효율적으로는 신경세포 사이에 있는 시냅스에서 세로토닌의 재흡수로 파괴되는 것을 막아 농도를 높이는 약물을 사용한다.

이전의 우울증 치료약은 부작용이 심했고, 약을 끊었을 때 오히려 우울감이 심해지는 문제가 있었다. 그래서 효과가 뛰어나면서 약물을 중단해도 문제를 일으키지 않는 플루옥세틴Fluoxetine이라는 치료제를 미국에서 개발했다. 이것이 세로토닌 재흡수를 막아 좀 더 오랫동안 세로토닌이 뇌 속의 신경전달체계에 잔류할 수 있게 만드는 '선택적 세로토닌 재흡수 억제제Selective Serotonin Reuptake Inhibitor, SSRI'다. 이 약물은 1977년부터 '프로작'이라는 상품명으로 판매되면서 우울증 치료에 일대 혁신을 일으켰다. 우울증뿐만 아니라 신경성 폭식장애, 강박장애, 공황장애 등의 치료에도 널리 쓰인다. 조현병에 사용하는 '쏘라진(클로르프로마진)', 공황장애나 불안증에 주로 사용하는 '자낙스(알프라졸람)'와 더불어 정신의학계의 혁명적인 약물로 불린다.

플루옥세틴은 2주 정도 복용하면 효과가 나타나고, 4주면 세로토닌이 충분한 농도에 이른다. 그러나 약은 6개월 이상 복용하는 게 좋고, 의사와 상담한 후에 줄이거나 끊어야 한다. 스스로 상태가 좋아졌다고 판단해서 제멋대로 약을 끊으면 우울감이나 여러 증상이 다시 나타나고 오히려 더 심해질 수 있기 때문에 각별히 주의해야 한다.

세로토닌을 생성하는 트립토판이 많이 들어 있는 음식을 섭취하는 것도 우울증에 도움이 된다. 동물성으로는 달걀 흰자, 우유 또는 치즈, 연어 등이 있고, 식물성으로는 견과류(아몬드, 땅콩, 해바라기 씨)와 콩류(두부, 낫토), 시금치, 바나나 등이 있다. 그러나 식이요법을 과하게 신뢰하는 것은 좋지 않다. 음식을 많이 먹는다고 해서 모두 뇌에서 세로토닌으로 전환되는 것은 아니기 때문이다. 비타민이나 효소 등의 영양분, 햇빛이나 좋은 감정, 운동 등도 트립토판이 세로토닌으로 전환되는 데 도움을 주기 때문에 병행해야 한다. 우울증은 좋아지는 듯하다가 다시 우울감에 빠지기를 시계추처럼 반복하므로 편안하게 받아들이는 게 좋다. 또한 주변의 이해와 지지가 치료에 도움이 된다.

《 **주요 우울증의 진단 기준** 》

① 하루의 대부분 지속되는 우울한 기분

② 하루의 대부분 일상 활동에서 흥미나 즐거움이 저하됨

③ 식욕 감소 또는 증가(체중 감소 또는 증가가 한 달에 5퍼센트 이상 변화)

④ 불면 또는 과다 수면

⑤ 정신 활동이 느리거나 초조함(정신운동 지체 또는 정신운동 초조)

⑥ 피로 또는 활력 감소

⑦ 무가치감, 부적절한 죄책감

⑧ 사고력과 집중력 저하, 우유부단함

⑨ 반복적인 자살 생각이나 충동, 시도

* ①, ②번 중에서 하나 이상 포함하고, 전체적으로 5개 이상의 증상이 있으면서, 일상생활을 심각하게 저해할 정도로 2주 이상 증상이 지속되면 우울증으로 진단한다.

한편 정신의학에서 상실은 갈등과 함께 여러 정신장애를 일으키는 중요한 원인이다. 영화 〈데몰리션〉(2015)은 부인을 잃은 상실감으로 우울증에 빠져 괴이한 행동을 하는 남자의 이야기다. 주인공 데이비스는 고장 난 자동판매기에 화를 내고, 부인의 장례식 날 자동판매기 회사에 불만이 가득한 편지를 길게 써 보내며, 집 안의 집기와 회사의 컴퓨터를 모두 해체하고는 집까지 산산이 부숴버린다. 이렇듯 우울증 상태에서는 우울감과 불면 등의 증상 외에 강박증이나 폭력성이 드러나기도 한다. 그래서 데이비스의 행동이 배우자의 상실로 인한 일시적인 조현병인지, 아니면 우울증인지, 혹은 가면우울인지 파악하기는 쉽지 않다. 결국 그는 자신의 상황을 객관적으로 인식하게 되고, 자신을 지지해주고 새로운 길로 이끌어주는 조력자를 만난다. 증상을 드러내고, 문제 해결을 위해 병적인 자아와 건강한 자아가 서로 겨루다가, 결국 치유의 길로 들어선 것이다.

우울증에서 가장 대표적인 주요 우울장애는 전 세계적으로 성인의 5퍼센트, 60세 이상은 5.7퍼센트, 서양에서는 남성 10퍼센트, 여성 20퍼센트가 평생유병률로 나타난다고 한다. 최근 한국의 통계(2021 전국역학조사)를 보면 남성은 9.6퍼센트, 여성은 9.8퍼센트다. 여성의 경우에는 서양의 절반 수준으로 조사되었다. 서양에서는 정신의학과뿐만 아니라 신경과나 내과, 가정의학과 등에서도 진단과 처방이 이루어지지만, 한국에서는 정신의학과 이외의 진료과에서는 처방하는 데 제한이 있다. 환자들이 제대로 진단받지 못해서 통계 수치가 낮은 것으로 보인다.

대개는 여성이 남성보다 높은 유병률을 보이고, 30대에서 60대까지는 비슷한 수준으로 분포하지만 20대의 우울증이 전 연령에서 가장 높은 경향이 있다. 청소년기를 벗어나 사회에 진입하면서 직면하게 되는 어려움과 관련이 있을 것으로 보인다. 60대를 지나면 유병률이 다소 줄어들지만, 노년 시기의 우울증은 활동력 저하로 인한 신체 기능 약화와 불면증, 인지 기능 저하, 높은 자살률로 이어질 수 있으므로 사회적으로 더 큰 관심을 기울여야 한다.

먹지 않는 걸까,
먹지 못하는 걸까?

◆

〈투 더 본〉

워낙 먹성이 좋아 많이 먹거나, 입맛이 없어 적게 먹는 편이라고 해서 크게 문제 될 것은 없다. 의학적으로 보면 적정 몸무게를 유지하는 것이 가장 좋다. 너무 마르거나 비만이면 당연히 좋지 않지만, 급격한 살 빼기나 찌우기도 건강에 해롭다. 의학적으로는 체질량지수 BMI(몸무게/키의 제곱)로 적정 몸무게를 평가하고, 복부 둘레로 비만과 건강을 가름하기도 한다.

요즘 대중 매체에서 비정상적으로 마른 것을 미의 기준처럼 보여주면서 청소년이나 젊은 층에서 무리하게 살을 빼려는 경향이 있다. SNS상에서 뼈만 남을 만큼 마르지 않으면 할 수 없는 챌린지가 유행하여 몸에 대해 잘못된 인식을 심어주기도 한다. 이는 강박으로 이어져서 신경성 식욕부진증을 일으키는 이유가 된다. 국내 청소년을 대상으로 한 조사에 따르면, 체질량지수가 정상인데도 살이 쪘다고 생각하는 여학생들이 35퍼센트가 넘고, 여학생 중 20퍼센트는 단식이나 다이어트 약물, 설사약, 이뇨제 등을 사용해서 체중을 빼려 한 적이 있었다고 한다.

건강을 해칠 만큼 오래, 지나치게 안 먹으려고 하는 병적 상태를 거식증이라고 하는데, 사회적으로도 문제가 심각해지고 있다. 영화 〈투 더 본〉(2017)은 다양한 섭식장애를 가진 7명의 젊은이와 그 부모, 다소 독특한 치료법을 사용하는 의사를 중심으로 섭식장애가 어떤 것인지, 얼마나 괴로운지, 왜 쉽게 치료되지 않는지를 보여준다. 엘런이 입원한 재활 센터에는 몇 가지 규칙이 있다. 밥 먹은 후 30분 동안은 화장실에 갈 수 없고, 음식을 먹는 만큼 점수를 얻을 수 있어서 어느 정도 이상이 되면 외출이 허용된다. 엘런은 병적으로 살을 빼려다 보니 음식을 거의 먹지 않으며, 심한 운동으로 체중을 줄여 영양 공급관을 삽입할 정도에까지 이른다. 영화 제목인 '투 더 본to the bone'은 신경성 식욕부진증 환자들의 구호인데, 가죽이 뼈에 달라붙을 때까지 안 먹겠다는 뜻이다.

정신의학 분야에서도 섭식장애는 상당히 어려운 질환이다. 생각보다 많은 사람이 앓고 있으며, 치료가 잘 되지도 않는다. 섭식장애는 지나치게 먹지 않는 것과 너무 많이 먹는 것으로 나뉜다. 과거에는 먹지 않는 것을 거식증拒食症이라고 했지만, 잘못 이해하면 巨食症, 즉 과하게 많이 먹는 병으로 오인하기 쉽다. 최근에는 원인을 드러내는 명칭으로 바뀌어 신경성 식욕부진증이라고 한다. 그와 반대의 증상을 보이는 신경성 대식증과 폭식장애가 있다. 신경성 대식증은 폭식한 후에 신경성 식욕부진증처럼 체중이 느는 것을 두려워해서 금세 음식을 게워낸다든지 설사를 유발하는 하제나 이뇨제 등을 남용하는 증상

1972년 백악관에 초청받은 캐런 카펜터(왼쪽)와 1973년 캐스 엘리엇의 모습(오른쪽).

이다. 과하게 많이 먹는 것은 비슷하지만, 폭식장애는 자신을 혐오하고 창피하게 여겨 우울감을 느끼는 증상이다.

　1970년대에 감미로운 팝송으로 전 세계 음악 팬의 사랑을 받은 카펜터스라는 남매 듀엣 중 캐런 카펜터가 신경성 식욕부진증으로 사망하면서 이 질병이 널리 알려졌다. 한편 1960년대에 경쾌한 팝송을 불렀던 4인조 혼성 그룹 마마스 앤 파파스는, 그들의 노래 〈캘리포니아 드리밍〉이 영화 〈중경삼림〉에 삽입된 곡으로도 유명한데, 그중 여성 보컬인 캐스 엘리엇은 고도비만이었고, 33세의 나이에 심근경색으로 사망했다. 엘리엇에게는 폭식장애가 있어 비만과 심혈관 장애로 진행된 것으로 보인다. 이렇듯 두 가수가 정반대의 섭식장애로 젊은 나이에 세상을 떴다.

　배가 고프거나 맛있는 것을 보면 먹고 싶은 것이 정상이다. 그런데 신경성 식욕부진증 환자들은 왜 먹지 않으려고 하는 걸까? 그들은 몸무게가 느는 것을 죽는 것보다 싫어한다. 조금이라도 먹으면 목구멍에 손가락을 넣어서라도 토해버리고, 설사제나 이뇨제를 사용해서 체중을 줄인다. 〈투 더 본〉에서 살이 얼마나 빠졌는지 확인하려고 팔뚝을 쥐어보는 버릇이나, 심한 윗몸 일으키기로 등에 생긴 멍자국은 신경성 식욕부진증 환자의 특징을 잘 보여준다. 몰래 음식을 토해서 침대 밑에 숨기는 것도 흔한 일이다. 영양결핍으로 피부가 건조해지고, 뼈는 약해져서 골다공증에 걸리기 쉽고, 털이 가늘어지고, 손발톱이 잘 부서진다. 지방이 없어서 추위를 잘 타고, 체온을 유지하기 어렵다. 영양 부족은 무월경, 탈수, 면역력 감소, 갑상샘 기능 저하, 뇌위축 등 수많은 질병의 원인이 되는데, 그들 중 절반은 일찍 사망하고 나머지도 그다지 경과가 좋지는 않다.

신경성 식욕부진증은 청소년이나 청년기 여성의 약 1퍼센트가 앓고 있는 것으로 알려졌다. 현재 정신의학과에서만 치료를 받을 수 있는데, 내과나 부인과 등 여러 전문 분야가 협력해서 치료를 해야 한다. 정신의학적 치료의 약물은 부가적인 방법일 뿐이며, 가족 치료가 제일 효과가 좋다고 한다. 가족과 주변인들이 문제를 인식하고, 환자를 격려하고 지지해주며, 치료에 적극적으로 나서야 한다는 말이다. 무엇보다 스스로 문제를 인식해야 한다.

모든 자폐인은
천재일까?

〈레인맨〉

내가 근무하는 병원에는 장애인들이 다른 병원보다 많이 내원하는 편이다. 국가 공인 장애인 주치의('장애인 건강권 및 의료접근성 보장에 관한 법률'에 따라 2018년부터 장애인건강주치의 시범사업이 이루어지고 있다)로 활동하며 장애인 부모들을 대상으로 교육과 상담을 꾸준히 하고 있기 때문이다.

그들 중 지금도 엄마와 함께 진료실에 가끔 찾아오는 자폐를 가진 청년이 있다. 중학생 때부터 봐온 아이라 마음이 많이 쓰인다. 아버지는 아이가 5살이 되었을 때 자폐 진단을 받자 어머니와 이혼하고 도망가듯 떠나버렸다. 청년의 동생은 비장애인이지만 엄마 혼자 아이 둘을 키우기도 쉽지 않은데, 자폐아를 건사하는 것은 여간 어려운 일이 아니다. 학교와 집을 오가는 버스를 혼자 탈 수 있게 하는 데 1년이 걸렸지만, 버스 노선이 바뀌자 한숨을 쉬던 엄마 얼굴이 생생하다. 현재 청년은 간단한 일을 배우고 있는 중이다.

드라마 〈이상한 변호사 우영우〉가 인기를 끌며 전 국민이 자폐증을 다시금 인식하는 계기가 되었다. 자폐스펙트럼장애라는 정확한 명칭이 알려진 것도 이 드라마의 영향일 것이다. 전 인구의 1퍼센트가 자폐스펙트럼장애를 가지고 있고, 최근에는 아동의 2.5퍼센트에서 발생한다고 알려져 있다. 정확한 원인은 아직도 밝혀지지 않았다. 말 그대로 자기 안에 갇혀서 외부와 소통이 어렵기 때문에 다른 사람과 사회관계 맺기를 힘들어 한다. 말을 반복하거나 상대방의 말을 따라 하는 경향이 있고, 눈을 잘 마주치지 않으려고 하며, 특정한 일이나 물건에 대한 집착이 강하다.

예전에는 자폐증을 아이들에게 생기는 조현병으로 여긴 적도 있었다. 소아 정신의학에 크게 기여한 한스 아스퍼거(1906~1980)가 자폐증이란 표현을 처음 사용했고, 1943년에 정신의학과 의사인 레오 카너(1894~1981)가 이 질환에 대해 자세히 발표하면서 의학계에 널리 알렸다. 카너는 평생 자폐 연구를 위해 노력했으며, 사회운동가로서 자폐장애자에 대한 차별을 없애는 데 기여했다.

오래된 영화 〈레인맨〉(1988)은, 당시에는 낯설던 자폐를 소재로 삼아 자폐증 증상을 상당히 자세히 보여준다. 주인공 레이먼드는 자폐 장애인으로, 정해진 일정대로만 움직여야 마음이 편하고 정해진 TV 프로그램을 꼭 시청해야 한다. 과거에 일어난 항공기 사고를 줄줄 읊으면서 비행기는 위험하다며 탑승을 거절하고, 고속도로의 자동차 사고 현황을 장황하게 나열하면서 고속도로를 피한다. 반드시 12시 30분에는 점심을, 6시 30분에는 저녁을 먹어야 하고, 수요일에는 생선튀김 여덟 조각을 먹어야 한다. 하지만 앉은자리에서 전화번호부를 통째로 외우거나, 쏟아진 이쑤시개를 한눈에 셈하는 놀라운 능력도 가지고 있다.

사실 우영우나 레이먼드의 비상한 능력은 서번트증후군Savant syndrome 덕분인데, 다운증후군을 처음 기술한 사람으로 알려진 존 다운(1828~1896)이라는 영국 의사가 처음 사용한 용어다. 서번트증후군은 자폐장애 말고도 몇몇 상태에서 나타나며 상당히 희귀하다. 자폐장애를 가지고 있는 사람들이 대부분 천재일 거라고 오해하는 경우가 많은데, 이는 영화나 드라마의 탓이 크지 않을까 싶다.

자폐스펙트럼장애는 학습과 보상을 통해 조금씩 좋아질 수는 있지만, 환자의 3분의 2는 평생 가족의 도움을 받거나 장기 요양소에서 생활해야 한다. 불행하게도 치료 방법은 없다. 약물 치료는 머리를 벽에 박는 반복 행동을 한다든지, 손톱으로 피부에 흠집을 내거나 자해 행위를 하는 등 행동장애를 보이는 경우에 사용한다.

의사소통하는 방법이나 기술을 습득해서 독립하는 법을 배울 수도 있다. 이 과정에서 가장 중요한 치료사는 부모를 비롯한 가족이다. 하지만 많은 희생이 따를 수밖에 없다. 증상이 경미한 아이들은 일반학교에 다닐 수도 특수학교에 다닐 수도 있는데, 고등학교를 졸업한 이후에는 가족이 도맡아서 돌봐야 한다. 자폐 장애인들이 살아가는데 어려움이 없도록 큰 관심과 지원이 꼭 필요하다. 또한 그 가족들이 원만하게 경제생활을 하고, 지친 몸과 마음을 회복할 수 있도록 정부와 사회에서 적극적으로 나서야 한다.

욱하는 성질은 모두
분노조절장애일까?

◆

〈실버라이닝 플레이북〉, 〈이보다 더 좋을 순 없다〉

〈실버라이닝 플레이북〉(2012)은 소설을 원작으로 하는 영화로 로맨틱 코미디로 분류되지만, 주인공의 정신적 회복과 성장이 주제라서 여러 가지 정신질환과 증상, 치료법이 등장한다. 정신의학과 교과서를 통째로 옮겨놓은 듯한 영화를 보면서 관련 내용을 짚어나가는 것도 흥미로운 일이다.

고등학교 역사 선생인 팻 솔라타노는 동료 선생이 자신의 아내와 외도하는 장면을 목격하고 폭력을 휘두른다. 이는 파괴적 충동 조절장애와 행실장애에 속하는 간헐적 폭발성 장애로, 내부의 강한 충동으로 인해 주변의 자극에 과도하게 반응하는 증상이다. 보통 분노조절장애라고 하는데, 별로 중요하지 않은 정신사회적 자극에 지나치게 공격적으로 대응하는 행동장애로, 가정이나 직장에서 어려움을 겪거나 위법한 행동을 한다. 미국의 통계를 보면 평생에 한 번 정도 경험할 확률이 5퍼센트 내외라고 하니, 꽤 많은 편이다. 대개 병식(병에 대한 인식)이 없어서 치료하기 어렵고 효과를 보기도 힘들다.

영화 〈실버라이닝 플레이북〉 포스터.

상대가 거의 죽을 정도로 폭력을 휘두른 팻에게 경찰은 정신적인 문제가 있다고 판단하고 정신병원에 입원시킨다. 정신의학과 의사는 조울증이라 진단하고 꾸준히 약을 먹고 상담을 받게 한다. 조울증은 마음이 붕 떠 있다가 가라앉는 양극성 장애로, 흥분되고 기분이 떠 있는 조증을 주 증상으로 하면서 기분이 가라앉는 우울 상태가 번갈아 오는 것이다. 팻은 밤에 잠을 자지 않거나, 새벽에는 아버지와 큰 소리로 싸워서 동네 사람들을 깨우기도 한다. 약을 거부하고 운동으로 치유하겠다며 매일 아침 검정 비닐봉지를 몸에 뒤집어쓰고 달린다. 대화하면서도 상대의 감정을 생각하지 않고 아무 말이나 내뱉어 속을 긁어놓기 일쑤다. 이는 전형적인 조증 증상이다.

다행스럽게 양극성 장애는 조현병보다 치료 효과가 좋은 편이다. 주변에서는 예전보다 말이 많아졌거나 우스꽝스러운 행동을 한다고 단순히 여길 수 있지만, 감정의 기복이 심하거나 지나치게 에너지가 넘쳐 과잉행동을 보인다면 반드시 치료를 받아야 한다. 증상에 따라 조현병 약물이나 진정제, 항우울제 등을 다양하게 사용하여 치료한다.

한편 경찰관이었던 남편이 사고로 죽고 상실감으로 외로워하는 티파니는 우울증이 있으며 대인 관계가 불안하다. 버림받는 것을 두려워하고 의지하려는 성향이 있으며, 무의식의 방어기제로 나타나는 문란한 성생활은 경계성 성격장애로 보인다. 티파니는 거침 없는 애정표현을 하며 팻의 인생에 갑자기 뛰어든다. 예측불허의 돌발적인 행동을 서슴지 않는 티파니가 팻은 부담스럽기만 하다.

팻의 아버지는 책상 위의 리모콘을 가지런히 놓는다든지, 아들이 옆에 있어야 경기에 이긴다면서 억지를 쓰는 것으로 보아 강박장애가 있다. 강박증은 꼭 하지 않으면 불안을 느끼고, 어떻게든 자신이 생각한 대로 해야 한다. 정도의 차이는 있겠지만 100명당 2명꼴로 강박장애를 가지고 있으며, 대개 어린 시절이나 청소년기에 발생한다.

대표적인 강박장애는 본인의 의지와 상관없이 어떤 생각이나 충동을 억제하지 못하는 사고 경향이나 반복해서 확인하는 행동을 보인다. 숫자 세기, 필요 이상으로 손을 씻는 행동, 계단을 홀수나 짝수로만 딛으려는 행동, 숟가락이나 젓가락을 똑바로 놓으려는 행동, 책상 모서리에 물건을 수평으로 맞춰서 놓는 행동, 금을 밟지 않으려는 행동 등을 반복해서 하는 경우를 들 수 있다. 누구에게나 가벼운 강박적인 증상이 있을 수는 있지만, 어떤 사고나 행동이 지나쳐서 자신과 남을 괴롭히거나 사회관계에 문제가 생기면 장애로 본다. 강박장애의 원인은 불안감이 가장 크다고 하는데, 최근에는 앞이마엽(전두엽) 손상과도 관계가 있다고 밝혀졌다.

〈실버라이닝 플레이북〉의 동명 소설 원작자 매튜 퀵은 영화 제목을 "나쁜 상황에서도 좋은 일은 있기 마련이다Every cloud has a silver lining"라는 영어 속담에서 인용한 듯하다. 영화 대사에서 "부정적인 생각은 태워 버리고 구름 뒤 햇살을 찾을 거예요"라고 말하는 팻. 햇빛이 구름 뒤에 있을 때 구름의 가장자리로 번져 나오는 은색 선이 바로 '실버 라이닝'이다. 어두운 현실 뒤에서 드러나는 희망을 나타낸다. 불안정한 감정을 가진 그이지만 희망을 가지고 살겠다는 뜻이다. '플레이북'은 미식축구나 운동 경기에서 사용하는 작전 수첩 같은 것이니, 이 영화 제목을 쉽게 표현하면 '희망 만들기 작전'이라고 할 수 있겠다.

강박 증세가 잘 표현된 영화로는 〈이보다 더 좋을 순 없다〉(1997)가 있다. 소설가인 주인공 멜빈은 다른 사람과 옷깃도 스치지 않으려 하고, 식당에서 제공하는 포크와 나이프가 불결할까 봐 일회용품을 들고 다니며 사용한다. 보도블록 선을 밟지 않으려 하고, 자물쇠나 전기 스위치는 다섯 번씩 움직여야 하고, 장갑과 비누는 한 번 쓰고 버린다. 결국 사랑하는 여자를 위해 멜빈은 항우울제인 선택적 세로토닌 흡수 억제제SSRI를 먹기로 하면서 증상이 좋아진다.

3장

◆

감염에 관한
이야기

우리는 감염병을
정복했을까?

◆

〈아웃브레이크〉, 〈컨테이젼〉, 〈감기〉

지금도 세계 곳곳에서 여러 종류의 재난이 일어난다. 열대성 저기압으로 인해 생기는 태풍(허리케인, 사이클론), 지각 변동으로 발생하는 지진과 거대 쓰나미는 자연재해이고, 전쟁이나 기아와 같은 것은 인류가 만들어낸 재난들이다. 어찌 보면 전염병의 창궐도 인류로 인한 재난이 아닐까 싶다.

나는 민간 단체의 재난의료팀에 소속되어 있어서, 재난 지역을 자주 다니곤 한다. 우리 지원팀은 2004년 인도네시아 주변을 쓰나미가 휩쓸었을 때나 필리핀에서 태풍으로 막대한 피해를 입었을 때도 지원하러 갔고, 2010년 아이티 대지진과 2015년 네팔 대지진 때도 현장으로 달려갔다. 시리아 내전이나 스리랑카 내전이 끝난 직후에 사방에 지뢰가 깔려 있고 정부군과 게릴라군이 보이지 않게 대치하고 있는데도, 어디든 사람들을 도우러 날아갔다. 위험한 환경이기는 하지만, 어떤 문제가 일어날지 예상할 수 있거나 눈에 보이는 상황이라 충분히 주의를 기울이면 무사히 진료를 마치고 돌아올 수 있다. 텐트도 없이 침낭만 가지고 버텨야 하거나 언제 어디서 총알이 날아올지 모르는 상황은 불편하고 불안했으나, 견딜 만했다.

그러나 코로나19 사태는 정말 힘들었다. 2019년 말부터 전 세계를 강타한 코로나19 감염병은 우리나라도 피해 가지 못했다. 대구에서 폭발적으로 환자가 늘어나면서 의료 공백 사태가 벌어지는 바람에 지원에 나섰다. 방호복을 입고 숨이 막힐 정도로 꽁꽁 싸맸는데도, 환자를 진료하며 감염되는 일이 연일 벌어지고 있어서 공포가 엄습했다. 그 당시에는 정체 모를 이 바이러스의 치사율이 엄청 높은 것으로 알려졌기에, 의료인들도 공포를 느끼며 환자를 돌봐야 했다. 이렇듯 눈에 보이지 않는 감염병의 창궐은 지금껏 경험한 것 중 가장 무서운 재난이었다.

불과 얼마 전만 해도 전 세계를 공포에 떨게 만든 감염병으로 콜레라나 두창(천연두는 일본에서 들어온 명칭임), 중세 유럽을 휩쓸었던 페스트, 1918년 스페인 독감이 있다. 세균학이 발달하고 항생제가 넘쳐나면서 세균이나 바이러스가 무슨 문제겠느냐며 인류는 자신했다. 게다가 사스SARS니, 메르스MERS니 해도 그때뿐이었던 기억이 남아 있어서, 대규모 감염병은 불가능하다고 믿었다. 그런 것들은 SF영화나 판타지의 소재라고만 여겼다.

상상할 수 있는 모든 상황이 동원된 영화로 〈아웃브레이크〉(1995)가 있다. 코로나19 감염병이 전 세계를 휩쓰는 상황을 눈앞에서 지켜보면서, 이미 30년 전에 미래를 예견한 선견지명에 감탄하게 된다. 이 영화는 1967년 아프리카 자이르(콩고공화국의 옛 이름)의 모타바강 계곡에

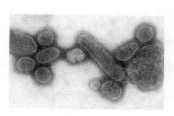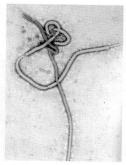

스페인 독감 바이러스(왼쪽)와 에볼라 바이러스(오른쪽).

있는 미군 캠프에서 알 수 없는 전염병이 발생하여 군인들이 죽는 것으로 시작한다. 미국 정부는 전염병 확산을 막기 위해 비밀리에 부대에 폭탄을 투하하여 부대원들을 몰살시킨다. 그로부터 30년 뒤, 그 지역에서 비슷한 전염병이 돌기 시작하고, 그 근처에서 잡힌 원숭이가 미국 캘리포니아의 작은 마을로 반입되면서 사람들이 감염된다.

영화는 아프리카를 중심으로 심각하게 번지던 에볼라 바이러스가 세계보건기구WHO에 보고된 상황을 바탕으로 만들어졌다. 에볼라 출혈성 열성 질환Ebola hemorrhagic fever, EHF이 정식 의학 명칭으로, 고열과 연이은 출혈로 인한 다발성 장기부전으로 사망하는 병이다. 치사율이 50퍼센트에 이를 정도로 치명적인데, 1976년(영화에서 보여준 1967년보다 9년 늦은 시점)에 아프리카 남수단과 콩고에서 발생하여 처음 보고된 후 지금도 간헐적으로 국지성 유행을 일으킨다.

에볼라 바이러스는 출혈이 심한데, 영화에서도 감염자들은 한결같이 눈과 코에서 피가 흐르거나 피를 토하는 모습으로 그려진다. 영화에서 얼핏 보인 괴바이러스는 기다란 털실이 꼬여 있는 모양으로, 에볼라 바이러스와 닮았다.

말라리아나 뎅기열처럼 특정 지역을 중심으로 토착화한 감염병은 풍토병Endemic이라고 하고, 에볼라 바이러스나 메르스처럼 전염성이 강하면서 풍토병보다 넓게 퍼질 수 있지만 다소 통제되는 것은 유행성 감염병Epidemic이라고 한다. 이것이 아웃브레이크다. 한편 흑사병이나 코로나19처럼 통제하기 힘들고 전 세계적으로 유행하는 것은 팬데믹Pandemic, 즉 대유행이라고 한다. 다행히 코로나19로 인한 보건비상사태는 2023년 5월, 세계보건기구에 의해서 3년 4개월 만에 해제되었다. 이는 토착화해서 간헐적으로 발생하게 되므로 엔데믹 상황으로 바뀐다는 것을 의미한다.

인류 역사에서 심각한 팬데믹은 세 차례 일어났다. 첫 번째 대유행은 541~750년에 유럽을 휩쓸었던 유스티니안 역병Plague of Justinian이다. 대재앙을 극복하려는 의미로 기독교 성인의 이름을 붙였다는데, 당시 유럽 인구의 절반(2,500~5,000만 명)이 사망했을 정도다.

페스트균(왼쪽)과 페스트균에 감염된 쥐벼룩(오른쪽).

전염병의 원인을 몰라서 장티푸스, 두창, 홍역, 에볼라 등으로 추정했으나, 2011년 영국의 과학 학술지 《네이처》에서 대역병의 원인균이 페스트균이라고 밝혔다. 두 번째와 세 번째 대유행은 중세와 근대에 돌았던 페스트, 즉 흑사병이었다. 그 외에도 콜레라 등 많은 감염병이 있었지만, 인류를 위험에 빠뜨린 감염병은 흑사병뿐이었다.

같은 소재를 다루지만 좀 더 생각해볼 점이 많은 영화로 '전염'이라는 뜻의 〈컨테이젼〉(2011)이 있다. 자신의 가족을 살리려 이기적으로 구는 사람, 다른 감염자를 배려해주는 사람, 이런 상황에서도 이익을 챙기려는 회사, 사기를 치는 인물 등이 등장한다. 감염 경로와 접촉자에 대한 역학 조사, 백신이 개발되면 누가 먼저 수혜를 입을 것인지 논란이 일어나는 모습 등은 매우 사실적이다. 특히 영화 후반부에는 숲이 망가지자 갈 곳을 잃은 박쥐들이 인간 사회와 접촉하면서 돼지를 거쳐 사람에게 바이러스가 옮는 과정을 보여준다. 최근 심각한 감염병이 발생하는 원인을 고스란히 반영하고 있어서 놀랍다.

다만 현실에서는, 영화처럼 치료약을 금방 만들어서 시민들을 구하거나, 신속한 백신 개발로 바이러스가 더 이상 퍼지지 않게 하는 상황은 불가능하다는 점을 놓치고 있어서 아쉽다. 코로나19가 발생한 지 몇 년이 지나도록 치료약은 아직 불완전하고, 백신이 있지만 그 부작용은 만만치 않다.

대규모 감염병을 다룬 한국 영화 〈감기〉(2013)도 요즘 상황을 짚어보는 데 도움이 된다. 영어 제목은 플루Flu인데 이는 인플루엔자Influenza의 약어로 독감을 가리킨다. 영화는 컨테이너에 숨어 불법으로 입국하려던 동남아시아인들을 통해 바이러스가 한국에 유입되고, 변종 조류 인플루엔자로 의심되는 악성 바이러스가 유행하는 상황을 그린다. 이를 막기 위해 정치권과 전문가가 의견 충돌을 일으키는 모습, 최초 전파 지역을 폐쇄하면서 발생하는 인권 문제, 96퍼센트의 국민이 지역 폐쇄를 지지하는 상황은 코로나19로 우리도 똑같이 겪은 현실이다.

쓰레기 치우듯 중장비를 동원해 사망자들을 구덩이에 몰아넣는 영화의 장면조차 충분히 있을 법한 현실로 여길 만큼 우리 시대에 겪은 코로나19도 급박한 상황이었다. 실제로 영화 〈감기〉에서처럼 엄청난 재난이 닥치면 우리는 과연 어떻게 할까? 국가는 어떤 결정을 내릴까? 영화처럼 해피엔드로 끝낼 수 있을까? 코로나19는 인류가 박멸할 수 있다고 자신했던 바이러스가 어느 날 갑자기 잠에서 깨어나거나 모습을 바꿔 공습할 수도 있다는 사실을 깨달은 계기였다. 이제 기후위기와 환경 파괴로 인해 생기는 바이러스의 역습은 언제든 닥쳐올 문제다.

흑사병에 걸리면
왜 검게 변할까?

◆

〈레커닝〉

알베르 카뮈의 소설 《페스트》는 제2차 세계대전이 한창이던 1940년대에 프랑스령인 알제리 북부의 도시에 페스트가 유행한 것을 소재로 한다. 갑자기 페스트가 창궐해 도시가 폐쇄되고, 물가는 치솟고, 시민들은 공포에 질린다. 하루에도 수십, 수백 명의 사람들이 죽어가는 상황이 1년간이나 이어지면서, 의사인 주인공 리유를 비롯한 오랑 시 사람들이 무서운 역병에 맞서 살아남기 위해 발버둥 치고 갈등하고 고뇌한다. 흑사병을 아주 오랜 옛날에만 있었던 것처럼 생각하지만, 소설처럼 1900년대 중반에도 간헐적으로 발생했던 감염병이다.

인류 역사에서 여러 차례 팬데믹의 시대를 열었던 페스트는 흑사병이라고도 불린다. 죽은 자의 모습이 마치 검게 탄 것처럼 보이기 때문에 붙은 이름이다. 원래 페스트는 정체 모를 전염병인 역병을 뜻하는 보통명사였지만, 14세기에 유럽을 휩쓴 흑사병의 기억이 너무 강렬해서 고유명사가 되었다. 영어로는 블랙 데스Black death나 플레

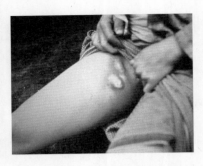
흑사병으로 인해 사타구니에 부종이 생긴 사례.

이그Plague라고 하는데, 플레이그도 원래는 전염병이나 역병이란 뜻이지만 흑사병을 뜻하게 되었다.

가장 잘 알려진 흑사병의 증상으로는 손과 발이 까맣게 타들어가는 것인데, 그 외에도 증상은 다양하며 사람마다 병세도 다르게 발현되고 치명률도 다르다. 임상적으로는 림프절 흑사병, 폐 흑사병, 패혈증 흑사병으로 나뉜다. 림프절 흑사병은 감염된 벼룩에 물리면서 페스트균이 목이나 겨드랑이, 사타구니 등 림프절이 발달한 곳에 부종을 일으켜서 가래톳 흑사병이라고도 한다. 감염 후 일주일 안에 고열, 두통과 함께 구토 등 감기나 장염 증상을 보이다가 림프절이 만져질 정도로 붓고, 내출혈을 일으키면서 검은 반점이 생긴다. 대부분의 흑사병은 이런 증상을 보인다. 폐 흑사병은 페스트균이 폐를 공격하면서 폐부종을 일으키고 호흡 곤란으로 사망한다. 패혈증 흑사병은 페스트균이 혈액으로 침투해서 전신에 염증 반응이 나타나면서 짧은 시간 안에 사망하는데, 빈도는 아주 낮은 편이다.

14세기의 흑사병으로 몇 년 만에 전 세계적으로 7,500만 명에서 2억 명 정도 사망했다고 추정되고, 유럽에서만 2,000만 명 이상 사망했다. 1665~1666년에는 2년 만에 영국 런던에서만 10만여 명이 사망하는데, 이는 당시 런던 인구의 25퍼센트에 해당한다.

흑사병이 유행하던 14세기에 유럽 곳곳에서 유대인 학살이 일어났다. 백과사전 《뉘른베르크 크로니클》에 실린 목판화(1493)다.

중세 말에 돌았던 흑사병은 아시아에서 생긴 대홍수 때문이었다. 흑사병 균에 감염된 야생 쥐가 홍수를 피해 인가로 숨어들었고, 창고나 집에 서식하던 곰쥐에게 균이 옮으면서 마을에 퍼졌다. 이것이 여러 나라로 전파되면서 대역병이 돈 것으로 짐작한다. 집쥐는 마차나 배를 타고 여러 곳으로 이동했는데, 무역이 활발하던 시기에 몽골의 유럽 침략이 맞물리면서 아시아에서 발생한 흑사병 감염 쥐가 유럽으로 전해진 것이다.

흑사병의 원인은 오래도록 알려지지 않았다. 그래서 사람이 사람에게 옮기거나 공기 중의 나쁜 기운에 의해 퍼진다고 오해했다. 일본의 의사이자 세균학자인 기타자토 시바사부로도 비슷한 시기에 원인균을 발견했지만, 프랑스의 알렉상드르 예르생(1953~1931)이 현미경으로 균의 실체를 관찰하고 1894년에 처음 보고하면서 세상에 알려졌다. 그리고 자신의 이름을 따서 '예르시니아 페스티스Yersinia pestis'라고 명명했다.

원인 세균을 알아내면 그다음에는 어떻게 병이 옮는지 역학적인 판단이 따라야 한다. 감염된 야생 쥐나 다람쥐 같은 설치류에 붙어 있던 벼룩이 피를 빨아먹으면서 균을 흡입하고, 벼룩이 다른 설치류에 옮겨 가 흡혈하면서 균이 옮는다. 야생 쥐는 집쥐에게 감염된 벼룩을 전해주고, 이 벼룩이 사람을 물면 흑사병의 무서운 증상이 드러나는 것이다. 쥐가 사람을 물어서 병균을 옮긴다고 생각하는 사람이 많지만, 엄밀히 말하면 쥐에 기생하는 벼룩이 사람을 물어서 옮긴다.

중세를 벗어난 후에도 교회는 흑사병이 돌 때마다 악마와 그 추종자들의 짓이라며 무고한 사람들을 잡아다가 죄를 뒤집어씌워 화형에 처했다. 영화 〈레커닝〉(2020)은 흑사병이 간헐적으로 유행하던 시기인 1665년의 영국을 배경으로 한다. 이 영화의 끝 부분에는, 당시 유럽과 북미에서 50만 명이 넘는 여성이 마녀재판을 받고 고문당한 뒤 처형됐으며, 영국에서는 1727년에 마지막으로 마녀로 몰아넣은 여성을 화형시켰다는 기록이 있다고 자막에 나온다. 기도와 찬송만으로 역병을 물리칠 수 없었던 교회가 이 상황을 약한 자의 탓으로 돌려 그들을 희생양으로 삼았을 만큼 무지의 시대였다. 이 영화에서도 어릴 때 엄마를 잃은 그레이스가 마녀로 낙인이 찍히고, 종교재판을 받으면서 온갖 고초를 당한다. 흑사병에 걸린 사람이 마신 술잔에 입을 대면 병을 얻는다고 믿는다든지, 접촉만 해도 옮기는 것으로 알던 당시 사람들의 인식도 드러난다. 나쁜 공기 때문에 병이 퍼진다고 믿고 사방에 불을 피워 연기를 내기도 하고, 닭대가리 가면을 쓴 사람들의 모습도 볼 수 있다. 닭대가리 가면은 얼굴을 꽁꽁 싸매고 닭 주둥이처럼 생긴 부분에 약초나 향초를 넣어서 오염된 공기를 정화하는 것으로, 주로 부자나 관리만이 쓸 수 있었다. 물론 효과는 전혀 없었다.

요즘은 대부분 청결을 유지하고 개량된 주택에 살기에 쥐를 볼일이 드물어서 흑사병은 쉽게 발생하지 않는다. 위생이 잘 지켜지지 않는 개발도상국이나 빈곤 지역, 밀림 등에서 간혹 발생한다. 과거처럼 크게 유행하지는 않아도 몇 년 전 마다가스카르나 중국에서 국소적으로 발생했던 것을 보면 완전히 사라진 질병은 아니다.

항생제 내성으로 죽은
최초의 인물은?

〈철의 심장을 가진 남자〉

라인하르트 하이드리히는 사람들에게 '금발의 짐승', '프라하의 백정'이라고 불렸지만, 히틀러는 그의 충성심을 칭찬하며 '철의 심장을 가진 남자'라고 치켜세웠다고 한다. 〈철의 심장을 가진 남자〉(2017)는 2차대전이 한창이던 1942년에 일어난 하이드리히 암살 사건에 관한 영화다. 해군 장교였던 하이드리히는 문란한 사생활을 했다는 이유로 불명예 제대를 당한다. 그 후 파티장에서 우연히 만난 독일 명문가 출신 리나의 도움으로 나치 권력 서열 2위였던 SS 수장 힘러와 만나 SS 정보부대 임무를 맡는다. 체코 지역의 총독이 된 하이드리히는 프라하를 유대인 없는 최초의 도시를 만들겠다며 '청소'에 나선다. 나중에 그는 레지스탕스의 습격으로 부상을 입고 프라하의 종합병원에서 독일에서 급파된 최고의 의사들에게 수술을 받는다. 히틀러는 자신의 주치의까지 보내 치료하게 했지만, 심한 고열과 통증이 지속되면서 결국 패혈증으로 사망하고 만다.

20세기 중반인 당시에는 이미 수술 기법이 상당히 발달해서 웬만한 외상으로는 죽는 일이 별로 없었다. 그 대신 세균 감염으로 죽는 사람은 많았다. 1차대전 때만 해도 부상을 입은 독일 군인들 중 10~20만 명이 감염으로 사망했다는 보고가 있을 만큼, 폭탄과 총알보다 박테리아와 바이러스가 더 무서운 적군이었다. 이처럼 인류는 오래도록 감염의 위험에서 벗어나지 못했다. 그러나 항생제 덕분에 감염의 두려움에서 벗어날 수 있었다.

세균과의 기나긴 전쟁에서 처음 승리를 거둔 것은 독일의 파울 에를리히(1854~1915)로, 살바르산이라는 항균 물질을 만들어냈다. 옷감을 물들이던 염색 방법으로 세균(박테리아)에도 색깔을 입히면 현미경으로 확인할 수 있었는데, 세균에 염료가 침투하는 것을 보고 이를 이용해서 세균을 죽일 수도 있다 싶어 연구했던 것이다. 살바르산은 606번째 실험에서야 만들어졌기 때문에 '606호'라는 이름이 붙었다. 당시에 아프리카를 식민지로 삼으려는 백인들에게는 체체파리에 기생하는 트리파노조마라는 원충류에 감염되어 생기는 아프리카수면병이 공포의 대상이었다. 그런데 살바르산은 이 병에 효과를 보였다. 특히 수천 년간 인류를 괴롭혔던 매독에 탁월한 효능이 있어서 '마법의 탄환'이라고 불릴 정도였다.

한편, 독일의 게르하르트 도마크(1895~1964)는 1934년에 '프론토질'이라는 황화합물로 광범위한 감염 상황에 효과를 보이는 강력한 항생제를 만들어냈다. 바로 '설파제'다. 아기를 낳은 산모에게 발병하던 산욕열, 아이들을 죽음으로 몰고 간 성홍열, 상처의 살이 썩고 패혈증을 일으키는 가스괴저 등 감염으로 인한 질병에 큰 효과를 보였다.

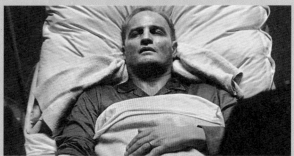

• 〈철의 심장을 가진 남자〉 포스터.
•• 고열이 나면서 죽음에 다다른 하이드리히.

그 외에도 폐렴, 콩팥염증(신우신염), 세균성 뇌수막염, 중이염, 편도염 등 주로 사슬알균(연쇄상구균)에 의한 치명적인 감염병에 효과가 좋았다. 항생제의 효시인 설파제는, 인류 최초로 대량 생산이 가능하도록 개발되었다.

1944년에는 미국의 셀먼 왁스먼(1888~1973)이 흙에 사는 미생물인 방선균에서 결핵 치료 물질인 스트렙토마이신을 찾아냈다. 나이 드신 분들이 병원에서 달라고 하는 바로 그 '마이신'의 시초다. 그리고 영국의 알렉산더 플레밍(1881~1955)은 1928년에 실험실에서 우연히 푸른곰팡이를 통해 페니실리움이라는 항균 물질을 발견했다. 이 곰팡이에서 시작해 1935년경 플로리와 체인이라는 과학자 덕분에 대량으로 생산되는 항생제 페니실린이 탄생한다. 살바르산과 프론토질이 수많은 실험을 거쳐 만들어낸 항생제라면, 스트렙토마이신과 페니실리움은 자연에서 찾아낸 항생제다.

그당시 감염병에 효과 있는 항생제가 개발되었는데, 영화에서 하이드리히는 왜 끝내 소생할 수 없었던 걸까? 당시 도마크가 개발한 프론토질은 웬만한 감염병에는 효능을 보였기에 하이드리히에게도 여러 차례 투여됐다. 하지만 세균 감염을 막지 못했고, 혈액에까지 감염되어 패혈증으로 사망한 것 같다.

프론토질이 개발된 후 1930~1940년대 전 세계는 약에 열광했고, 무분별하게 사용했다. 머리나 배가 아파도, 감기만 걸려도, 세균 감염이 아닌데도 거의 모든 병에 프론토질을 투여했을 정도다. 적정 용량이 정해지지 않아서 약을 들이부었다고 해도 과장이 아닐 정도로 남용했던 것이다.

　항생제의 역사에서 항생제에 대한 내성은 항생제가 개발되는 만큼 비례해서 늘었다. 항생제를 개발하는 데는 많은 비용과 시간이 들기 때문에 개발하기가 어려워 오히려 그에 대한 내성이 훨씬 앞서가는 형국이다. 스트렙토마이신 이후로 결핵 치료약이 계속 개발되었으나, 결핵균은 워낙 치료가 까다로워 여러 약제를 함께 투여해야 한다. 그나마 내성이 생기면 치료가 힘들어지므로 죽음에 이르기도 한다.

　페니실린도 완전히 내성이 생겨서 지금은 아예 사용하지 못한다. 페니실린과 유사한 항생제인 세팔로스포린 계통의 항생제들도 1세대, 2세대, 3세대를 거쳐 만들어졌지만 점점 내성이 강화되고 있다. 현재로서는 가장 강력한 항생제라는 반코마이신도 내성이 생겨서 더 쓸 항생제를 못 찾을 정도로 항생제 내성 문제는 심각하다. 여러 항생제에 내성이 생겨서 치료가 어려운 세균을 보통 슈퍼박테리아라고 하는데, 엄격히 말하면 '다제내성세균'이 맞다. 항생제에 내성이 강한 세균에 감염되면 언제 죽음을 맞이할지 모르는 불안함 속에서 살아야 한다. 적의 모습이 보여도 쏠 총알이 없는 것과 마찬가지다.

　항생제 내성이 생기는 데는 크게 두 가지 원인이 있다. 하나는 세균의 자연스러운 대응에 의해서다. 항생제는 세균을 싸고 있는 벽이나 세포막을 부수는 기능, 효소와 같은 단백질을 합성하지 못하게 하는 기능, 유전물질의 활동을 방해하는 기능 등으로 효과를 발휘한다. 이때 세균은 자신의 유전물질을 변화시켜 항생제 효과를 피해 가려고 한다. 더 이상 효과가 없어지는 것이다. 이렇듯 세균이 적응하면서 생기는 자연 내성은 30~40년 정도의 시간이 걸린다. 또 다른 원인은 항생제를 과도하게 투여하거나 지나치게 의존해서 생긴다. 뛰어가는 항생제 개발 위에 날아가는 내성이 있는 셈이다.

오래 전부터 우리나라는 항생제 사용이 OECD 국가의 평균사용량보다 월등히 높았다. 인체에 사용하는 항생제는 인구 대비 2~3위 정도이고, 축산 가축에 사용하는 항생제도 주요 선진국들의 5~6배다. 정확하게 근거를 가지고 써야 하는데 그렇지 못하는 오용의 문제보다 함부로 사용하는 항생제 남용의 문제가 심각하다는 뜻이다. 점점 항생제 내성 출현이 많아진다는 것은 써야 할 항생제가 효과를 잃어서 치료에 어려움을 겪고, 그만큼 비싼 항생제를 선택해야 한다는 데서 보건의료의 재정 문제를 일으킨다. 환자들이 병원에서 항생제를 요구하는 풍토, 길게 써야 하는데 증상이 없다고 함부로 끊어버리는 국민들의 부족한 인식, 근거없이 사용해버리는 의사들의 무책임함이 항생제 내성이 강해지는 데 큰 이유로 작용한다. 무엇보다 주치의가 환자를 세심히 살펴서 약을 덜 쓰게 하는 주치의제도를 비롯한 1차의료가 구현되지 않는 우리의 의료 현실이 이러한 문제의 근본에 자리 잡고 있다는 것을 알아야 한다.

총알보다 무서운
참호족과 동상

〈저니스 엔드〉, 〈마리 퀴리〉, 〈12번째 솔저〉

인류 역사에서 전쟁은 그친 적이 없었다. 그중에서 칼과 창으로 전투를 벌였던 시대에는 자상刺傷이 대부분이었다. 전쟁에 나간 군인들이 워낙 외상을 많이 입다 보니 외과학이 발달할 수밖에. 칼에 찔리거나 팔다리가 잘리면 할 수 있는 치료라고는 손상 부위를 잘라서 출혈을 멈추게 하고 괴사 또는 괴저병이 생기지 않게 막는 것뿐이었다. 마취법이 따로 없던 시대에 수술은 통증과 합병증을 만들어냈다. 운좋으면 살아서 장애인이 되고, 대부분은 수술이 잘되더라도 감염으로 죽었다.

전장 의학 분야에서 눈부신 능력을 발휘한 의사로 프랑스의 파레가 있다. 처음에는 정식 의사는 아니고 아버지에게 가업을 이어받은 이발 수술장이였다. 그는 전쟁터에서 32년간 군의관을 하며 외상 치료의 경험을 쌓았다. 나중에 정식 교육을 받아서 닥터가 되었고, 프랑스 국왕 앙리 2세의 수석 외과의가 되었으며, 근대 외과학의 아버지로 불린다.

당시에 출혈을 멈추는 치료법은 외상을 입거나 칼에 베인 상처를 끓는 기름으로 지지는 것뿐이었다. 이를 소작법燒灼法이라고 한다. 병든 조직을 물리적·화학적으로 변질시켜서 더 번지거나 나빠지지 않게 만들어 없애는 치료법이다. 요즘에는 기름 대신 주로 열이나 고주파, 약물 등을 사용한다. 기름으로 지지면 너무 고통스럽고 부작용 또한 만만치 않다. 큰 전투가 벌어진 어느 날, 부상병들이 갑자기 몰려드는 상황인데 상처 부위를 지질 기름이 떨어져버렸다. 파레는 어쩔 수없이 찢어진 혈관을 찾아서 묶고 젖은 헝겊으로 덮어둔다. 다음 날, 부상병들을 돌아보던 그는 놀라운 현장을 목격한다. 상처에서 피가 멈췄을 뿐 아니라, 병사들도 통증을 크게 호소하지 않았던 것이다. 더구나 시간이 지나면서 상처가 잘 아물었다. 이 기술이 지금도 사용하고 있는 혈관 결찰법이다. 수술할 때 크고 작은 혈관이 터지면 출혈로 시야가 가려져 수술에 방해가 되고 자칫 지나친 실혈로 환자가 위험해질 수 있다. 그래서 수술장에서는 혈관을 묶어가면서 수술을 진행한다.

1차대전은 부상의 수준과 상황을 바꿔놓는 계기가 되었다. 칼과 창 대신 기관총이 무기였고 대량 살상이 가능해졌기 때문이다. 적과 일대일로 마주치지 않아도 총기와 포탄은 심각한 부상을 입히거나 생명을 앗아갈 수 있었고, 독가스나 화염방사기도 사용되었다. 참호전을 중요한 전술로 삼고 일진일퇴하던 것도 1차대전부터다.

참호전의 실상을 보여주는 영화 〈저니스 엔드〉(2017)는 전쟁이 한창이던 1918년 프랑스 북부에 주둔한 영국군 부대가 독일군과 1년 넘

전쟁 당시 참호족을 예방하자는 포스터.

게 전투를 벌이면서 참호에 갇혀 전진하지 못하는 상황을 담았다. 참호에서 벗어나면 사람이 도저히 통과하기 힘든 철조망이 있었고, 그곳을 통과하더라도 적의 기관총이 기다리고 있었던 것이다. 참호전에서 많이 생기는 병으로 참호족Trench foot이 있다. 참호 속에 오래 있으면 생기는 병이라 이런 이름이 붙었는데, 오랫동안 공기가 통하지 않는 군화를 신고 있거나 습한 상태로 오래 있어서 발이 썩는 병이다. 썩는다는 것은 곧 세균 감염을 의미하고, 항생제를 적절히 사용하지 못했던 당시에는 발을 잘라야 하거나 패혈증으로 진행되기도 했다.

지금은 멋쟁이들의 대명사가 된 트렌치코트도 참호전에서 비롯되었다. 비를 막아주고, 따뜻한 안감을 댄 긴 외투는 참호에서 입기 좋은 옷이어서 장교들의 공식 군복이기도 했다. 지금도 트렌치코트에는 계급장을 부착하던 견장, 수류탄이나 탄창을 걸 수 있는 허리끈 등의 디자인이 그대로 남아 있다.

한편, 나폴레옹의 러시아 원정 기간에 참호족이 많이 생기자 군의관 도미니크 장 라레(1766~1842)가 1812년에 처음으로 병의 원인을

장 라레가 고안해서 전장을 누비던 구급 마차.

마리가 1차대전 때 딸 이렌과 함께 개발한 구급차.

찾고 치료법 등을 기술했다. 또한 라레는 부상당한 병사를 효율적으로 운송할 방법을 고안하다가, 마차를 개조한 구급차를 만들어서 많은 병사를 살렸다. 그래서 그를 구급대의 아버지라고 부른다. 영화 〈마리 퀴리〉(2019)에는 주로 노벨상을 받은 여성 과학자로만 알려진 마리가 딸 이렌과 함께 엑스레이를 설치한 구급차를 만들어 1차대전의 전장을 누비며 부상병을 치료하는 모습이 나온다. 이 장면에서 마차가 기관으로 달리는 차량으로 바뀌어 라레 당시 것보다는 발전한 그 당시 구급차의 모습을 볼 수 있다. 또한 순수하게 과학에만 몰두했던 과학자이면서도 전쟁의 고통에 시달리던 사람들을 외면하지 않았던 마리의 마지막 생애도 인상적이다.

2차대전에서는 대량 살상 무기의 시대가 시작되었다. 진지를 구축하고 싸우던 1차대전의 참호전은 의미가 없어지고, 항공모함과 폭격기, 탱크 등은 물론이고 원자폭탄까지 등장했다. 독일의 마지막 목줄을 죄었던 노르망디 상륙 작전과, 지중해와 북아프리카를 차단하는 동시에 이탈리아를 겨냥한 시칠리아 상륙 작전에는 최첨단 무기가 동원되었다. 2차대전의 전체 사망자는 6,000~8,500만 명으로 추산되는데, 양측 군인은 3,000만 명 넘게 희생되었다. 비록 살아남았다 해도 심각한 부상을 입은 사람은 더 많았을 것이다.

두 번의 세계대전에서 감염병은 사망의 주원인이었다. 칼, 총, 포탄에 의한 부상은 감염으로 이어졌고, 상처 부위가 썩어가는 괴저병뿐만 아니라 전염성 있는 폐렴 등으로도 사망했다. 공식 기록으로 보면, 1차대전 때는 인플루엔자(독감)나 폐렴 등 급성 호흡기 질환으로 미군 병사가 5만 명 가까이 사망했다고 한다. 1930년대부터 개발된 항생제는 감염병을 확실히 줄여주었다. 2차대전에서는 미군의 참전병 수가 1차대전의 두 배로 늘었는데, 같은 질환으로 사망한 병사 수는 1,265명뿐이었다. 설파제의 대량 생산과 투여 덕분이다.

영화 〈12번째 솔저〉(2017)는 1943년에 독일군의 주요 거점을 파괴하기 위해 노르웨이 부대원 12명이 활약한 내용을 담고 있다. 해안에 상륙하려다가 독일군 함정에 발각되어 11명은 잡혀서 모진 고문을 받은 후 처형당한다. 12번째 군인인 얀은 영하 20도가 넘는 날씨에 눈 덮인 산을 맨발로 걷고 4킬로미터가 넘는 얼음 바다를 헤엄치는 등 극한 상황을 거쳐 혼자 탈출한다.

영화에서는 심한 동상으로 발가락이 괴사되자 검게 죽어버린 발가락을 직접 잘라내는 장면이 나온다. 인간의 몸은 추워지면 체온을 유지하기 위해 말단부의 혈관을 수축시켜 열이 발산되는 것을 막으려고 한다. 그래서 신체의 끝부분인 귀, 손가락, 발가락이 추위에 장시간 노출되면 혈액을 공급받지 못해서 괴사된다. 심한 경우에는 괴사 부위가 넓어지는 것을 막기 위해 절단해야 한다. 나무가 추운 겨울에 어는 것을 막으려고 잎을 떨어뜨리는 것과 같다.

참호족과 동상은 증상이나 위험성이 비슷해서 혼동할 수 있다. 동상은 얼어버릴 만큼 아주 차가운 조건에서 생기는 반면, 참호족은 15도 안팎의 따뜻한 온도에서도 생길 수 있다. 동상은 신체의 말단인 귀나 손, 발이 손상되지만, 참호족은 습한 군화를 오래 신어서 생기는 것이라 발에만 발생한다. 그리고 동상은 감염과 관련이 없지만, 참호족은 세균 감염으로 인한 것이라는 차이도 있다.

한센병은 더 이상
천형이 아닐까?

◆

〈빠삐용〉, 〈벤허〉

탈출 영화의 고전과 같은 〈빠삐용〉(1973)에는 빠삐용과 드가가 두 번째 탈출을 시도하다가 한센인들이 모여 사는 마을에서 도움을 요청하는 장면이 있다. 그 마을의 우두머리는 병이 심해 손가락은 잘린 채로 헝겊이 감겨 있고, 어두운 움막에서 살짝 보이는 얼굴은 흉하게 얽었다. 웬만한 사람들이라면 쳐다보는 것은 물론 접촉을 두려워할 텐데, 빠삐용은 우두머리가 입에 물고 있던 시가를 넘겨받아 아무렇지 않게 피우기도 한다. 자신을 피하지 않고 다가온 빠삐용의 용기를 인정한 우두머리는 빠삐용에게 탈출할 수 있는 배를 구해준다.

한센병에 걸리면 피부가 헐고 관절 손상이 심해서 외모가 흉측해지기 때문에, 환자 근처에 가기만 해도 전염되지 않을까 오해하기 쉽다. 사실 한센병은 전염력은 그다지 세지 않다. 단순한 피부 접촉이나 입맞춤, 성 접촉 정도로는 옮지 않고, 감염된 산모에게서 태아로 전파되지도 않는다. 안타깝게도 사람끼리의 전파 경로는 자세히 알려지지 않았다. 대부분 감기나 폐렴처럼 호흡기를 통해 옮는다고 하고, 일부는 피부의 상처를 통해 옮는다고는 하지만 전염력은 아주 약하다. 다만 감염에 취약하거나 면역 기능이 떨어진 사람이라면 주의할 필요가 있다. 빠삐용이 감옥에 있던 1930년대에 원인은 알려졌으나 아직 항생제가 개발되기 전이어서, 한센병은 여전히 공포의 대상이었다.

한센병은 고대 로마를 배경으로 하는 〈벤허〉(1959)에도 등장한다. 예기치 않은 사고로 집안은 풍비박산 나고, 벤허의 어머니와 여동생은 유랑 걸식하다가 한센병에 걸리고 만다. 모녀는 한센인들이 모여 사는 동굴에서도, 예수가 골고다 언덕에서 십자가에 못 박힐 때도, 뭉그러진 손가락과 흉측한 얼굴을 천으로 감싼 채 나온다. 이집트 파피루스에도 한센병에 대한 기록이 있고, 기원전 2000년경 인도나 파키스탄의 미라 유골에서도 한센병을 앓은 흔적이 발견됐을 만큼, 이 병은 오랜 역사를 지녔다. 동아시아나 아프리카 지역에서 발병하여 유럽으로 퍼졌을 것으로 추측한다.

이렇듯 수천 년 동안 천형으로만 여겨지며 공포의 대상이었던 한센병의 원인을 찾아내서 알린 사람이 노르웨이 출신의 미생물학자 한센(1841~1912)이었다. 1873년에 한센병에 걸린 환자들

한국에서 1974년에 개봉된 〈빠삐용〉 포스터.

의 피부에서 얻은 조직에서 공통으로 어떤 세균을 발견했는데, 그 균이 한센병의 원인균인 나균Mycobacterium leprae이었다. 1882년에 독일의 미생물학자 로베르트 코흐(1843~1910)가 결핵균Mycobacterium tuberculosis을 현미경으로 찾아냈고, 나중에 알고 보니 나균과 결핵균은 가족이었다. 마이코박테리움속屬에는 나균과 결핵균을 비롯한 수십 가지 종種형이 있는데, 이들은 한 뿌리에서 갈라졌기 때문에 치료법이 비슷하다. 그래서 한센병을 치료할 때 결핵약을 사용하기도 한다. 그 외 2~3가지 약제를 복합 요법으로 사용하며, 모두 1960년대 전후로 개발되어 1960년대 후반에는 한센병의 치료에 널리 이용되었다.

건강한 사람이라면 한센인과 접촉해도 잘 걸리지 않고, 걸렸다고 해도 5~20년 정도 꾸준히 약만 잘 복용하면 완치할 수 있다. 감염자 역시 2주에서 2개월 정도 치료제를 복용하면 전염력이 없어지므로 안심해도 된다. 독하다고 알려진 결핵도 2주 정도 약을 복용하면 전염되지 않는 것처럼. 병에 무지해서 한센인을 탄압하고 비인도적으로 대한 오랜 역사를 생각하면 감염학은 참 위대한 의학 분야다.

예전에는 문둥병 또는 나병으로 불렸고 하늘이 내린 저주라고 여겼다. 외모가 흉해지는 데다 전염될 것을 염려하여 외딴곳에 환자를 격리하는 것이 일반적이었다. 때로는 사람들이 많이 사는 동네에 한센인이 들어갔다가 맞아 죽는 경우도 있었다. 우리나라에서는 《삼국유사》나 《고려사》를 비롯하여 조선시대에도 기록이 남아 있다.

과거 문학작품에서도 그 실상을 엿볼 수 있다. 얼마 남지 않은 손가락으로 시를 썼던 한하운이라는 시인은 '문둥이'로 살아야 했던 자신의 삶이 묻어나는 글을 남겼다. 또한 한센인의 생활은 1970년대에 발표된 이청준의 《당신들의 천국》에 잘 드러난다. 일제강점기였던 1916년에 조선총독부는 한센병 환자들을 소록도로 강제 격리했다. 치료를 위해 자혜의원을 설립했지만, 항생제가 개발되지 않은 시절이라 환자들은 그곳에 버려진 것이나 다름없었다. 1960년대 초, 군사정부에서 한센인들을 사회 활동이라는 명목으로 대규모 간척사업에 동원한 사실이나, 살기 힘들고 외로워서 스스로 생을 마감하는 등 그들의 처절함이 소설에 담겨 있다.

지금 소록도는 평화로운 곳으로, 자혜의원은 국립소록도병원으로 규모가 커졌다. 섬 한쪽에는 붉은 외벽의 아담한 집 한 채가 있다. 1962년, 마리안느와 마가렛이라는 오스트리아 출신의 수녀 두 사람이 외로운 유배지였던 소록도로 자원해서 들어갔다. 간호사 자격을 가지고 있는 두 수녀는 한센병 환자들의 곪은 피부와 마디 잘린 손가락을

'사단법인 마리안느와 마가렛'은 두 사람의 정신을 이어받아 지원과 후원 사업을 펼치고 있으며, 홈페이지에는 두 수녀의 예전 모습도 담겨 있다.

어루만지며 돌봐주었다고 한다. 20대 중반의 꽃다운 나이에 이곳에 온 마리안느와 마가렛은 40여 년 넘게 환자들을 돌보다가 고국으로 돌아갔다. 그들에 대한 고마운 마음으로 소록도 사람들은 지금도 그들이 머물던 집을 그대로 보존하고 있다.

한센병의 발병률은 확연히 감소하고 있으나, 최근 전 세계적으로 한 해 약 10~20만 명이 새로 감염되었다. 그래서 세계보건기구에서는 아직도 주의해야 할 질환으로 주시하고 있다. 우리나라는 1969년에 3만 8,000여 명으로 정점을 찍었고, 나균 치료 항생제가 보급되면서 최근 10년간은 한 해 감염 환자 수가 5명 이내로 줄었다.

콜레라는
물만 쥐도 낫는다고?

---◆---

〈페인티드 베일〉, 〈올리버 트위스트〉

한번 유행하면 여러 나라를 초토화하며 인류를 두려움에 떨게 한 감염병으로 페스트와 콜레라를 들 수 있다. 특히 콜레라는 감염된 사람의 절반이 죽을 만큼 사망률이 높다. 한센병이나 두창, 홍역도 사망률이 높긴 하지만, 그만큼 쉽게 전염되지는 않는다. 콜레라는 구토나 심한 설사, 고열 등의 증상을 동반한다.

〈페인티드 베일〉(2006)은 파티에서 여자를 보고 한눈에 반한 월터와 결혼을 통해 집에서 벗어나고 싶은 키티가 결혼해서, 여러 시련을 겪으며 진정한 사랑을 찾아가는 영화다. 세균학자인 월터는 중국에서 질병 관련 연구를 하는데, 이들은 당시 콜레라가 창궐한 양쯔강 유역으로 향한다. 콜레라가 유행하는 원인을 조사한 끝에 마을 사람들이 마시는 우물에서 콜레라균을 검출해내고 우물을 폐쇄한다. 한편 그 마을에는 시체를 강가에 묻는 풍습이 있는데, 콜레라로 사망한 사람들도 강가에 묻는 바람에 강물이 콜레라균에 오염된 것을 알고 강에 접근하지 못하게 막는다. 영화는 멜로물이지만, 1920년대 콜레라가 창궐하던 시대의 영화 배경이 사실적으로 그려져서 참 흥미로웠다.

유럽에서 처음 콜레라가 창궐한 것은 1810년대다. 원래 아시아 권에서만 나타나다가 식민지가 확장되고 교역이 활발해지면서 아시아에서 유럽으로, 미 대륙으로까지 넘어갔다. 동아시아의 풍토병이 세계로 뻗어나가면서, 1800년대에서 1920년대까지 아시아와 유럽에서는 거의 10~20년마다 크게 6차례 유행을 겪었다.

찰스 디킨스의 소설을 원작으로 한 영화 〈올리버 트위스트〉(2005)는 19세기 영국의 위생이 어떠했는지 잘 보여준다. 지저분한 빈민가의 모습, 대소변을 받아두었다가 창밖으로 아무렇지도 않게 버리는 장면, 진흙탕이 된 길을 걸어가는 사람들, 씻지도 않고 손으로 음식을

윌리엄 호가스의 작품 〈Night(The four times of day)〉(1738). 2층 창문에서 아무렇게나 요강을 비우는 모습을 볼 수 있는데, 영국에서는 마른하늘에서 오물이 쏟아지는 일이 빈번했다(왼쪽). 존 스노를 기념하여 런던 거리에 설치한 상수도 펌프(오른쪽).

먹는 습관 등이 곳곳에 등장한다. 이런 상황에서 콜레라가 창궐하지 않는다면 오히려 더 이상하지 않을까.

콜레라라고 하면 영국의 존 스노(1813~1858)라는 의사가 떠오른다. 그는 빅토리아 여왕 시대에 런던에서 크게 유행하던 콜레라 유행을 잠재운 것으로 유명하다. 길거리나 집에서 버린 더럽고 오염된 물은 하수구로 빠져나가서 강물을 오염시키고, 상수도에 유입되어 세균의 온상이 되었다. 아직 콜레라의 원인균을 몰라 역병이라고만 부르던 시절에 정부의 요청으로 조사를 하던 존 스노는 그 원인이 오염된 식수임을 밝히고, 하수와 상수 시설을 정비하여 콜레라 유행을 막았다. 그의 연구 방식은 지금까지 이어져서 역학 조사의 기초가 되었다.

비브리오 세균 중에 강력한 균이 있다면, 여름철 오염된 어패류를 통해 감염되어 패혈증을 일으키는 비브리오 불니피쿠스Vibrio vulnificus, 식중독을 일으키는 비브리오 파라헤몰리티쿠스Vibrio parahaemolyticus, 비브리오 콜레라Vibrio cholerae의 세 가지를 꼽을 수 있다. 콜레라는 최근에도 발생하는 전염병으로, 과거에는 치사율이 50퍼센트에 이르렀다. 요즘은 위생과 치료 기술이 발달해서 이 병으로 죽는 일은 많지 않지만, 비브리오균의 존재를 모를 때는 페스트에 버금가는 역병이었다.

비브리오 콜레라에 의해 생기는 감염병은, 구강을 통해 옮기는 다른 전염병과 마찬가지로 오염된 음식물과 잘 씻지 않은 손이 원인이지만, 주로 오염된 물로 인해 발생한다. 아직도 위생 시설이 취약한 저개발국가에서는 콜레라가 유행하고 있다. 전 세계에서 1년에

100~400만 명이 발병하고 그중 2~14만 명이 사망한다. 이마저도 세계보건기구에서는 2030년까지 종식하겠다는 계획이다.

1800년대 중반에 콜레라가 대유행할 당시, 감염병 역사에서 중요한 업적이 이루어진다. 세균학의 아버지라고 불리는 독일의 의사 로베르트 코흐가 콜레라 유행 지역인 인도에서 이집트까지 조사를 실시한다. 그는 역병의 원인이 콜레라균임을 증명하고, 염색법으로 현미경을 통해 그 실체를 밝힌 것이다.

원인균은 밝혀졌지만, 항생제 개발에는 50년이 더 걸렸다. 그래서 당시에는 다른 방식으로 치료할 수밖에 없었다. 1900년대 초반 유럽에서 콜레라가 재차 유행할 때, 열대의학의 선구자로 불린 영국의 의사 레오너드 로저스(1868~1962)는 콜레라의 치료 등 열대병 해결에 큰 역할을 했다. 콜레라 환자들은 먹지도 못하면서 쌀뜨물 같은 설사를 수십 차례 하다 보니 갈증이 심해져 하루 이틀 만에 탈수로 사망했다. 이런 상황에서 로저스가 식염수hypertonic saline를 마시게 했더니 사람들은 며칠 내로 회복했다. 항생제나 특별한 치료약은 없었지만 약한 소금물을 이용해 콜레라를 이겨낼 수 있었다.

최근의 연구에 따르면 콜레라 치료에는 항생제가 중요하지 않다고 한다. 오히려 항생제가 내성을 키워 치료에 방해가 될 수도 있어서 아주 필요한 경우가 아니면 투여하지 않는다. 콜레라는 계속되는 설사로 탈수가 오는 것이 문제이므로, 수분(식염수) 공급만 원활히 하면 결국 나을 수 있다. 위생 관리와 오염되지 않은 식수 공급은 콜레라의 예방에 절대적이다.

HIV 감염자는 모두
에이즈 환자?

〈달라스 바이어스 클럽〉

    1981년, 미국 의학계에서 원인 모를 병에 대한 보고서가 발표되었다. 게이들 중에 면역결핍 증상을 보이면서 폐렴 등 감염병을 이겨내지 못하고 속수무책으로 사망하는 경우가 발생한 것이다. 원인은 밝혀지지 않았지만 면역력이 극도로 떨어진다는 점, 그로 인해 암에 걸리기 쉽고 결핵이나 폐렴 등 감염병에 취약해서 사망률이 아주 높다는 점만 알 수 있었다. 그리고 1983년에 프랑스 파스퇴르 연구소의 미생물학자 바레 시누시(1947~), 뤼크 몽타니에(1932~2022) 박사가 최초로 원인을 찾아냈다. 사람면역결핍바이러스, 즉 HIVHuman Immunodeficiency Virus였다. 이 두 연구자는 자궁경부암이나 콘딜로마(곤지름)를 일으키는 사람유두종바이러스를 발견한 독일의 미생물학자 추어 하우젠(1936~)과 함께 2008년 노벨 생리의학상을 수상했다.

    바이러스나 박테리아(세균)는 우리 몸에 들어와서 직접 질병을 일으키지만, 사람면역결핍바이러스는 다른 바이러스와는 다르게 움직인다. 면역세포를 파괴하고 면역체계를 약화시켜서 다른 질병, 즉 암이나 감염병을 일으키고 회복하기 힘들게 만든다. 이처럼 직접 병을 만들기보다는 다른 병에 걸리게끔 몸을 약하게 만드는 것을 기회감염이라고 한다. 후천성 면역결핍증, 즉 에이즈AIDS, Acquired Immune Deficiency Syndrome는 사람면역결핍바이러스에 걸려서 체내의 면역 기능이 저하되면 몸이 피폐해져 감염에 취약해지고, 심하면 사망에 이르는 상태를 말한다. 그러니 에이즈가 옮는다는 것은 잘못된 표현이다. 사람면역결핍바이러스가 옮는 것이고, 에이즈는 그로 인해 생긴 면역저하라는 질병 이름이다.

사람들은 흔히 HIV 감염자라면 당연히 에이즈 환자라고 오해한다. 그러나 HIV에 감염되었다고 해서 모두 에이즈 환자가 되는 것은 아니다. 건강을 유지하거나 치료제를 잘 복용하면 웬만해서는 문제가 되지 않는다. 국내 최초의 HIV 감염자는 아직도 잘 살고 있다. 치료를 하지 않거나 다른 이유로 면역력이 파괴되어야 에이즈가 되므로, 둘을 같은 개념으로 보면 안 된다.

동성애자만 에이즈에 걸린다는 잘못된 인식도 널리 퍼져 있다. 동성 간 성관계로 인해 HIV에 감염되는 경우는 전체 감염자의 절반 정도다. 2019년 한국 정부의 HIV/AIDS 역학 조사 보고서를 보면, 전체 감염자 중 이성 간은 46.1퍼센트가, 동성 간은 53.7퍼센트가 성 접촉으로, 나머지 0.2퍼센트는 마약 투여 시 주사 공동 사용 등으로 감염된다. 감염자와 성관계를 맺으면서 생식기나 항문의 상처를 통해 전염되는 것이지, 감염되지 않은 동성 간 성접촉으로는 옮지 않는다. 임신 중이거나 출산 전후, 모유를 통한 수직감염은 문제가 된다. 수혈로 인한 감염은 최근 혈액을 철저히 관리하므로 거의 없어졌다.

〈달라스 바이어스 클럽〉(2013)은 1985년경 보수적인 분위기에 마초들이 득실대는 남부 도시 댈러스에서 일어난 실화를 바탕으로 만든 영화다. 공사장에서 기술자로 일하는 로널드 우드루프는 마약에 도박까지 하는 방탕한 삶을 살다가 HIV로 에이즈에 걸린다. 이미 면역력이 떨어진 상태라 시한부를 선고받는다. 당시에 에이즈는 불치병으로, 유명 배우인 록 허드슨이 에이즈 합병증으로 사망하면서 전에 없던 죽음의 병으로 온 세상에 알려진 참이었다. 우드루프는 이성애자인 자신이 동성애자나 걸리는 병에 왜 걸렸는지 알기 위해 신문을 뒤진다. 동성애자들이 좀 더 걸리지만 콘돔을 사용하지 않으면 이성애자도 성 접촉으로 감염될 수 있으며, 마약 중독자들이 필로폰을 투여할 때 주사기를 공유하면 걸리기 쉽다는 사실을 찾아낸다. 그는 코카인은 해도 필로폰은 하지 않았기에 병의 원인이 여자 친구라는 사실을 알게 된다. 사람들은 에이즈에 걸린 그를 멀리한다. 우드루프에게

〈달라스 바이어스 클럽〉의 장면. 우드루프(매튜 매커너히)는 전형적인 마초였지만, 에이즈에 걸리고 사람들이 자신에게 등을 돌리자 비로소 성 소수자나 가난하고 아픈 사람들을 이해한다.

서 침이 튀자, 친구는 당장 죽을 듯이 화장실로 뛰어가 박박 씻어대는 장면도 나온다. 우드루프는 임상시험 중이던 AZT(아지도티미딘, 지금은 지도부딘이라고 함)라는 약물을 몰래 구해서 먹다가 약 부작용으로 쓰러지고 입원하기를 반복한다.

AZT는 처음에 항암제로 개발되었지만, 면역세포를 활성화시켜서 사람면역결핍바이러스를 공격하기 때문에 에이즈 환자를 치료하는 약으로 허가받았다. 영화에서는 AZT의 심각한 부작용을 겪은 우드루프가 단백질 영양제(펩타이드 T)를 복용하면서 상태가 많이 호전되는 장면이 나온다. 그래서 주인공 우드루프가 에이즈에 걸렸거나 병을 걱정하는 성소수자들을 중심으로 영양제를 파는 달라스 바이어스 클럽이라는 모임을 만든다.

사실 AZT의 부작용은 약 자체의 문제라기보다는 투여량 때문이었다. 영화 마지막에 'AZT를 더 적게 투여하고 다른 약과 혼합해 사용하면서 수백만의 생명을 살렸다'는 자막이 나온다. '걸리면 곧 죽는다'는 에이즈 치료제로서 AZT는 분명 효과가 있었다.

통계를 보면, 2000년 전까지는 해마다 HIV 감염자(발병자)가 350만 명 정도였는데 최근 200만 명 이하로 줄어들었다. 이미 병에 걸린 유병자는 3,500만 명이 넘지만, 2000년 140만 명이던 사망자가 최근 80만 명 이하로 줄었다. 아프리카의 사하라 이남에서는 풍토병처럼 고착된 경향이 있긴 해도 전 세계에서는 신규 감염자가 줄고 에이즈로 인한 사망률도 눈에 띄게 감소하고 있다. 항바이러스제를 비롯한 치료 기술이 발전한 데다 안전한 배우자가 아니라면 성관계를 할 때 콘돔 사용으로 미연에 감염을 방지하려는 인식이 널리 퍼진 덕분이었다.

한편, 최초의 치료약제인 AZT가 소개된 이후 사람면역결핍바이러스를 치료하는 약물이 많이 개발되었는데, 대부분 바이러스 치료제다. 하지만 치료 효과가 획기적으로 높지 않고 바이러스의 특징 때문에 점점 내성이 생긴다는 점이 문제다. 요즘에는 감염 우려가 높을 때 미리 항바이러스 약물을 사용하는 노출 전 예방요법PrEP; Pre-exposure prophylaxis이나, 감염자에 노출되자마자 항바이러스 약물을 초기부터 사용하는 방법인 노출 후 예방요법PEP; Post-exposure prophylaxis이 개발되어 감염률이 많이 낮아졌다.

전 국민을
공포에 떨게 만든 기생충

◆

〈연가시〉

"봄과 가을, 1년에 두 번은 회충약을 먹어야 하나요?"

"온 식구가 다 복용해야 하나요?"

진료실에서 흔히 듣는 질문이다. 아이들을 키우는 부모라면 궁금할 수밖에 없다. 현재 부모 세대나 그 윗세대는 많은 감염 질환과 더불어 기생충의 피해를 기억하기 때문이다.

예전에는 인공 비료가 흔치 않아서 인분을 거름으로 사용하다 보니 그 안에 있던 충란이 채소나 곡식과 함께 다시 우리 입으로 들어갔다. 그래서 회충, 요충, 구충, 편충 같은 토양 매개성 기생충이 흔했다. 이들은 몸에 기생하면서 영양분을 빨아들여 안 그래도 못 먹어 빈약한 몸을 피폐하게 만들었고, 다른 장기에 침투해서 심각한 합병증을 일으키기도 했다.

그런데 왜 봄가을로 약을 먹었을까? 봄은 겨울 초입에 김장거리에 묻은 충란이 몸으로 들어가서 부화하고, 유충 시절을 지낸 다음 성충이 되어 기생충증을 일으키는 시기이기 때문이다. 여름에는 상추나 수박, 참외 등을 많이 먹으면서 충란도 같이 흡입했고, 몸에서 성충이 되어 문제를 일으키는 시점이 가을이었다. 그래서 봄과 가을에 구충 제를 복용하는 관습이 생겼던 것 같다.

기생충으로 인한 문제가 과거보다 확실히 줄어들기는 했지만, 감염되면 죽음에까지 이르게 하는 기생충이 있다면 어떨까? 전 국민을 공포로 몰아간 〈연가시〉(2012)는 기생충을 다룬 영화다. 어느 날, 강둑에서 운동하던 사람들이 흉측한 모습을 한 시체를 발견한다. 그리고 며칠 새 전국의 물가에서 사람들의 시체가 떠오른다. 하지만 정확한 원인을 찾지 못한다. 사람들이 갑자기 미친 듯이 물을 찾거나 물로 뛰어드는 황당한 현상을 어떻게 설명한단 말인가. 결국 기생충인 연가시가 그 원인임이 밝혀진다.

연가시는 긴 철사 모양으로, 흑갈색을 띤 유선형 기생충이다. 물속 장구벌레 같은 중간숙주를 거쳐 최종숙주인 육상 곤충의 몸속에 들어가 영양분을 빨아먹으며 20센티미터 내외의 성충으로 자라는데, 길면 2미터까지 자란다. 최종숙주는 사마귀, 귀뚜라미, 딱정벌레, 바퀴벌레까지 다양하다. 곤충의 양분을 가로채며 내장이나 체강 내부에 몸을 꼬고 살아가다가, 배란기가 되면 곤충이 물로 들어가도록 뇌에 혼란을 일으킨다. 연가시가 직접 신경전달물질을 만들어내기도 하지만, 숙주인 곤충의 유전자를 변형시켜 신경전달

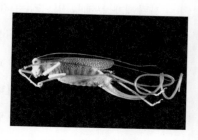

귀뚜라미를 숙주로 삼은 연가시.

물질을 많이 만들게끔 조작함으로써 물에 빠져 자살하도록 만든다는 주장도 있다. 연가시의 학명은 Gordius aquaticus로, 물이란 뜻이 포함되어 있다.

숙주가 죽으면 연가시는 항문으로 빠져나와 물속에서 짝짓기를 시작한다. 물속에서 암컷은 수백만, 수천만 개의 알을 낳고, 2주 정도 지나면 유충이 된다. 그 유충을 장구벌레가 잡아먹고, 장구벌레가 성충 모기가 되어 육상에서 활동하다가 사마귀 같은 상위 포식자에게 잡아먹히면 연가시 유충이 그대로 사마귀에게 옮겨 간다. 그리고 다시 최종숙주인 사마귀 등 육상 곤충의 몸속에서 연가시 성충으로 자란다.

그렇지만 연가시는 사람 몸속에서는 살 수 없으므로 실제로 이런 일이 벌어질까 봐 걱정할 필요는 없다. 영화에서는 제약회사에서 만든 변종 연가시라서 사람에게도 기생한다는 설정이지만, 바이러스나 박테리아와 달리 기생충은 변종이 거의 생기지 않는다. 영화가 개봉되고 나서 이 사실을 잘 모르는 관람자들은 불안에 떨 만큼 현실적인 공포를 느꼈다.

사람에게 문제를 일으키는 기생충으로는 회충·요충·구충(십이지장충)·편충처럼 유선형으로 생긴 선충류, 간흡충(간디스토마)이나 폐흡충 같은 흡충류, 마디가 있으면서 기다란 모양의 조충류가 있고, 뇌를 파먹는다는 아메바류나 트리코모나스 같은 편모충류, 말라리아 같은 단세포 생물들이 있다. 가려움을 일으키는 이와 사면발니, 모기나 바퀴벌레 같은 곤충류도 기생충학에서 다루는데, 모두 사람의 위장이나 혈액 등에서 영양분을 탈취하며 살아가기 때문이다.

기생충은 흔히 장 내에서 영양분을 얻기 때문에 영양결핍이나 복통 등을 일으킨다. 민물고기나 민물 어패류를 날것으로 먹게 되면 몸속에서 자란 간흡충이 간에 기생하면서 만성 염증을 일으키고, 간경화나 간암으로 진행되기도 하므로 위험하다. 돼지고기를 생식했을 때 알처럼 생긴 유충이 뇌로 들어가서 갈고리촌충증이 생기면 뇌전증 같은 심각한 뇌 후유증을 일으키기도 한다. 말라리아는 적혈구에 기생하며 적혈구를 파괴하므로 고열을 일으키고 빈혈이 생기거나 간 손상이 오기 쉽다. 이렇듯 어떤 종류의 기생충이든 크고 작은 문제를 일으키기 때문에 몸에 있어도 괜찮은 기생충은 없다.

인류가 나타나기 전부터 기생충은 존재했던 것으로 보인다. 약 200만 년 전 고인류에서 촌충(조충)의 알을 발견한 기록이 있다. 돼지고기를 덜 익혀서 먹으면 생기는 갈고리촌충, 소고기 생식으로 생기는 민촌충은 1만 년 전 농업이 시작되고 가축을 기르면서부터 흔해졌을 것이다. 이집트 미라에서도 회충과 촌충을 비롯해 기생충이 자주 발견되었다고 한다.

가장 익숙한 기생충은 선충류인데, 치료를 위한 전문 의약품으로는 1971년부터 사용하기 시작한 메벤다졸과 1975년의 알벤다졸을 들 수 있다. 초등학교가 국민학교였던 시절에는 학교에 채변봉투를 제출하면 검사한 후 기생충이 발견되면 약을 나눠주었다. 그때 사용한 약들은 아직도 유효하게 쓰이고, 기생충이 쉽게 변종이 생기지 않는 것처럼 치료 약물도 내성이 생기지 않는다.

기생충 약이 나오기 전에는 인류와 오랫동안 동거해온 기생충을 어떻게 치료했을까? 서양에서는 4체액설에 근거해서 하제를 사용해 설사를 유발하거나 아연, 수은 등의 금속류도 사용했지만, 효과는 없었던 것으로 보인다. 약간의 효험을 가진 약초로는 베르베린 성분을 가지고 있는 매자나무나 골든실, 파파야 열매 씨, 쑥 종류가 있었다. 중국이나 한국의 한의학에서도 약초를 사용했는데, 서양보다는 효과가 있었던 듯하다. 《동의보감》에는 쑥, 생강과인 울금 뿌리나 강황 뿌리, 고사리 종류인 관중의 뿌리, 백리향이라고 불리는 정향나무의 꽃봉오리가 구충에 효험이 많았다고 실려 있는데, 지금도 이용하고 있다. 연가시도 선충류의 일종이므로 이런 약초들이 효과가 있지 않았을까 싶다.

　　과거에 위생 관념이 없던 시절에는 바닥에 떨어진 음식을 주워 먹거나 제대로 씻지 않은 채소를 먹는 경우가 많아서 기생충에 감염되기 쉬웠다. 요즘은 위생도 좋고 음식물을 잘 씻어서 먹기 때문에 굳이 구충제를 복용할 필요는 없다. 그리고 2세 미만 유아나 산모는 먹지 않는 게 좋다. 산모가 구충제를 복용하면 태아에게 전달되어 기형을 유발할 수도 있고, 어린아이에게는 안정성이 보장되지 않기 때문에 특히 수유할 때는 복용해서는 안 된다.

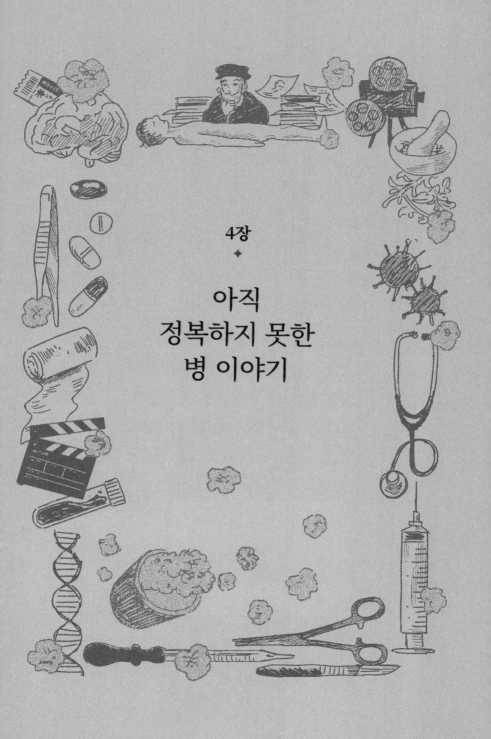

4장
✦

아직
정복하지 못한
병 이야기

유전병은
고칠 수 없는 걸까?

◆

〈파이브 피트〉

사망선고가 내려지고 여명이 얼마 남지 않았다면 그동안 무엇을 하겠는가? 실제 이런 상황이 벌어지는 일은 많지 않지만, 누구나 한번쯤 고민해봤을 법하다.

영화 〈파이브 피트〉(2019)에서는 같은 병을 앓고 있는 윌과 스텔라가 첫눈에 반하고도 서로를 위해 안전거리를 유지하려고 하지만, 이를 어길 수밖에 없는 상황이 닥친다. 영화의 두 주인공이 앓고 있는 불치병은 낭포성 섬유증cystic fibrosis이라는 유전질환이다. 폐 기관지가 주머니처럼 부풀고 점점 딱딱해진다고 해서 붙은 이름이다. 부모에게서 돌연변이 유전자를 받으면 4분의 1의 확률로 생기는데, 주로 백인 계통에서 발생하며 아시아나 아프리카에서는 아주 드물다. 1989년 미시간 대학교의 프랜시스 콜린 박사가 처음 원인을 찾아냈

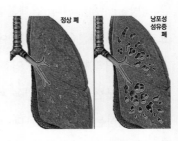

정상 폐와 낭포성 섬유증 환자의 폐 비교.

다. 원래는 탄력을 지녀야 할 허파꽈리(폐포)와 그것을 감싸고 있는 폐 조직이 섬유화로 점점 딱딱해지면서 호흡 기능을 잃는다. 세균이나 이물질을 밖으로 내보내는 폐점막 기능이 떨어져서 가래를 뱉기 힘들고, 오랜 염증으로 기관지확장증 같은 만성 폐질환이 발생하기 쉽다. 결국 호흡곤란이나 세균 감염으로 인한 합병증으로 일찍 사망한다.

최근에 약물이 개발되기는 했지만, 가장 좋은 치료법은 폐를 이식받는 것이다. 하지만 폐 기증을 받기는 쉽지 않고, 설령 이식을 받아도 5년 정도 더 살 수 있을 뿐이다. 현재로서는 완치는 없고 수명을 연장하는 것만 가능하다. 호흡이 힘들어서 산소통을 끼고 다녀야 하고, 한번 감염되면 치료가 어려워서 평생 관리해야 한다. 게다가 같은 병을 가진 사람끼리는 B세파시아Burkholderia cepacia라는 세균에 감염될 수 있어서 6피트(약 2미터)보다 가깝게 접근하거나 접촉해서는 안 된다. 이 세균은 낭포성 섬유증 환자에게 잘 감염되는 데다가 항생제 내성도 강해서 치료하기 어렵다.

코로나19가 전 인류를 덮치면서 안전거리 2미터는 매우 친숙한 말이 되었다. 사람이 재채기나 기침을 하면 세균이나 바이러스를 품은 침방울(비말)이 튄다. 결핵균이나 일부 미생물은 공기 중 감염을 일으키지만, 대부분은 비말 감염에 의해 전파된다. 이 비말 감염을 막는 최소한의 거리가 2미터다. 영화에서는 사랑에 빠진 두 남녀가 B세파시아를 비롯한 호흡기 감염을 피하기 위해 막대기를 이용해서 안전거리를 유지하는 장면이 나온다.

그레고어 멘델(1822~1884)이 유전자를 연구한 이후로, 인간의 세

영화 〈파이브 피트〉의 한 장면. 같은 낭포성 섬유증을 앓고 있는 두 주인공 윌과 스텔라는 감염을 피하기 위해 5피트짜리 당구 큐대를 사이에 두고 만나야 한다.

포는 23쌍, 즉 46개의 염색체를 가지고 있다는 것이 밝혀졌다. 그중에서 골격이나 장기를 만드는 22쌍(44개)을 상염색체라고 하고, 성을 결정하는 1쌍(2개)을 성염색체라고 한다. 부모에게서 물려받는 유전자는 대개 상염색체 우성이나 열성, 성염색체 우성이나 열성 형태로 전달된다. 우성이나 열성은 드러난 형질의 우열이 아니다. 특정 유전자를 한 쌍 중 한쪽에만 가지고 있어도 형질이 나타나는 것을 우성이라 하고, 염색체 양쪽에 쌍으로 있어야 형질이 발현되는 것을 열성이라고 한다.

멘델 이후 150여 년이 지난 현재, 유전학의 발달로 의학의 세계는 새로운 국면을 맞이했다. 다소 가벼운 천식이나 비염 같은 알레르기 질환부터 다운증후군, 클라인펠터 증후군, 백색증Albinism, 혈우병, 다낭성 콩팥병Polycystic kidney disease, 각종 정형외과적 기형, 헌팅턴병 같은 신경학적 질환과 정신질환, 각종 암에 이르기까지, 수많은 선천성 기형이나 질환이 유전적 결함에 의한 것임이 밝혀졌다. 엄청난 의학의 발전에도 불구하고 잘 낫지 않는 병은 대개 유전과 관련되어 있다고 봐도 될 정도다.

1860년대에 멘델이 오스트리아의 수도원에서 완두콩을 교배하여 형질이 유전된다는 것을 발견한 이후, 연구자들은 세대를 넘어가며 형질을 물려주는 유전에 대해 연구하기 시작했다. 1879년 생물학자인 발터 플레밍(1843~1905)이 세포의 핵을 벤젠 유도체인 아닐린으로 염색해서 관찰하다가, 실처럼 보이는 유전자가 세포 분열 시 복제되어 분리되는 것을 기록했다. 그는 이 물질들을 염색체chromosome, 즉 염색되는 물질이라고 이름 지었지만, 정작 무슨 역할을 하는지는 몰랐다.

1900년대 초, 학자들은 다음 세대로 전달하는 역할을 하는 물질을 유전자gene라고 명명했어도 여전히 그 정체는 몰랐다. 뉴욕 컬럼비아 대학교의 발생학자로, 유전학의 기초를 세웠다고 평가되는 토머스 헌트 모건(1866~1945)은 1915년에 초파리 연구를 통해 유전자가 염색체에 있다는 것을 입증했다. 1944년에 캐나다의 의사이면서 생물학자인 오즈월드 에이버리(1877~1955)는 DNA라는 화학물질이 유전자를 운반한다는 것을 알았고, 영국의 왓슨과 크릭이 1953년 유전체의 기본인 DNA가 2중 나선 구조임을 밝히면서 유전학은 급진전했다.

인간을 비롯한 생물의 유전자 지도가 만들어지고, 고장난 DNA를 잘라서 수리까지 하는 기술로 발전했다. 그리고 인간이 가지고 있는 30억 개의 염기서열과 그중 약 3~4만 개의 유전자가 어떤 작용을 하는지, 부모로부터 유전되는 요소는 어떻게 전달되는지 속속들이 알려졌다. 더욱이 원인을 알 수 없었던 여러 가지 질환이 유전으로 인한 것임이 밝혀지면서 많은 불치병을 치료할 수 있는 가능성이 열렸다.

유전병은 핵에 있는 23쌍의 염색체에 생긴 문제로 비롯된다. 단일 염색체 내의 유전자가 고장나서 생길 수도 있고, 여러 염색체가 함께 작용해서 생길 수도 있다. 염색체들은 잘려 나가거나, 덧붙여지거나, 모자이크처럼 섞이거나 하면서 변이가 일어나고, 어떤 염색체는 수가 많거나 모자라서 문제가 생기기도 한다. 유전병은 부모 세대에서 물려받는 것뿐 아니라 태내에서도 만들어질 수 있고, 자라면서 유전자 변이가 일어나 생긴 질병까지 모두를 아우른다.

좀 더 유전 질환들을 크게 구분해보면, 하나는 조상이나 부모로부터 물려받아서 생기는 것, 또 하나는 태아 시기에 생기는 것, 마지막으로 태어난 후 후천적으로 생기는 경우다. 앞의 두 가지는 선천성 유전병이고, 마지막은 후천성 유전병이다. 선천성 유전병은 유전자 검사로 알 수 있어서 자녀에게 안 좋은 영향을 미칠 수 있다면 임신을 막거나, BRCA1 종양 유전자를 가진 경우에는 미리 유방이나 난소 절제술을 하는 등 예방 차원의 조치를 취할 수 있다. 그러나 태아 시기에 발생하는 유전 결함은 유산 이외에는 방법이 없다. 그리고 후천성 유전질환은 사후 치료를 해야 한다.

부모 중에 알레르기 비염이나 천식, 아토피 같은 질환을 가지고 있으면 자녀가 그 질환을 앓게 될 확률이 높은 것도 관련된 유전자를 물려주기 때문이다. 출혈성 질환인 혈우병이나 온몸이 하얗게 되는

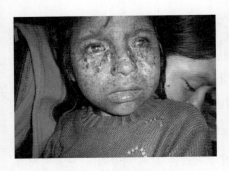
색소성 건피증을 앓는 과테말라의 8세 소녀.

백색증albinism, 햇빛을 받으면 안 되는 색소성 건피증, 망막 이상으로 점차 시력을 잃어가는 망막색소변성증도 유전자 때문에 생긴다. 이런 유전질환은 자손에게 계속 유전되어 문제를 일으킨다. 소아에서 발견되는 1형 당뇨, 중동이나 아프리카·히스패닉계에 많은 낫 모양 빈혈, 왜소증에서 가장 많은 연골무형성증, 콩팥에 다수의 물혹이 생겨서 기능이 떨어지는 다낭성 콩팥병, 낭포성 섬유증, 여러 종류의 근육병, 피부에 반점이나 혹을 만들어내는 신경섬유종, 일부 정신질환, 뇌에 영향을 미쳐서 인지장애나 운동장애를 일으키는 헌팅턴병 같은 신경계 이상 등 많은 질환이 대물림된다. 다만 100퍼센트 유전되는 것은 아니고 어떤 질환은 환경 요인이 합쳐져야 나타나기도 하는 등 유전에 의한 발현에는 다양한 요소가 작용한다.

암에는
어떤 것이 있을까?

---◆---

〈대야망〉, 〈너의 췌장을 먹고 싶어〉

수천 년 전, 고대 그리스 연극의 주된 주제는 비극이었다. 비극이야말로 절망과 한계에 부딪힌 인간이 진실에 다가가는 방식이었다. 그렇기에 관객들의 눈물샘을 자극하는 연출이 상당히 중요했다. 현대에도 사람들이 가장 좋아하는 영화는 비극적인 이야기가 많다. 특히 사랑하는 연인이 젊은 나이에 불치병으로 세상을 떠나는 이야기는 심금을 울리곤 한다.

한국의 사망자 통계에서 암은 부동의 사망 원인 1위를 차지하고 있으니, 비극의 소재로 삼을 만하다. 심각하면서도 흔하지만, 정작 암에 대해 알려진 지식은 많지 않다. 사망 선고나 다름없는 병, 고치기 힘든 병, 치료하는 과정에서 머리털이 빠지거나 말라가면서 죽음을 맞이하는 병이라고만 알고 있을 뿐이다. 그럴 수밖에 없는 것이, 전문가들도 아직 그 정체를 완벽히 밝혀내지 못했고 당연히 치료 방법도 완벽하지 않기 때문이다.

인간의 몸을 구성하는 가장 작은 단위인 세포는 분열하고 성장하면서 몸속에서 역할을 다한 후 죽는다. 하지만 암세포는 정상 세포 내 유전자의 변이로 불완전하게 성숙하고 과다하게 증식하는 비정상적인 경과를 밟는다. 이들은 정상 세포와 달리 사멸하지 않고 무한대로 증식하며 주위 조직이나 장기에 침입해 파괴할 뿐만 아니라 다른 곳으로 퍼져나가는 특징이 있다.

암은 대부분의 장기에서 만들어지는 암종, 근육이나 뼈에서 만들어지는 육종, 혈구세포에 생기는 혈액암으로 나뉜다. 암종에는 위암, 간암, 폐암, 대장암, 유방암, 자궁경부암, 췌장암, 전립샘암 등이 있다. 뼈에 생기는 육종에는 다른 장기에서 생긴 암이 뼈에 퍼져서 생기는 전이성 뼈종양, 처음부터 뼈에서 발생하는 골육종 등이 있다. 암종과 육종은 형체가 있어서 고형암이라고 한다. 혈액암은 백혈구 세포에서 생겨 혈액이나 림프액에서 발견되기 때문에 형체가 없다. 우리에게 흔히 알려진 백혈병도 혈액암이다. 악성 림프종인 호지킨병과 비호지킨병, 뼛속의 골수를 침범하여 생기는 다발성 골수종도 혈액암에 속한다.

다소 희귀한 암인 호지킨병은 〈대야망〉(1973)이라는 스포츠 영화에 등장한다. 원래 1956년에 소설로 출간되었다가 TV 영화로 만들어진 것을 리메이크했는데, 뉴욕 메츠의 포수였던 브루스가 호지킨병이라는 불치병에 걸리면서 팀에서 일어나는 갈등을 담았다. 호지킨병은 비교적 젊은이들에게 생기지만 치료가 잘되기도 하는 악성 림프종으로, 1832년 영국의 병리학자인 토마스 호지킨이 처음 보고하면서 이름이 붙여졌다. 그는 현미경으로 악성 림프종 환자의 혈액을 들여다

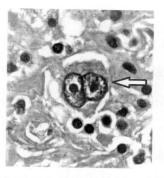

정상 혈구 세포 사이에 올빼미 눈 모양을 하고 있는 악성 림프종 세포가 리드-스턴버그 세포다.

보다가 올빼미 눈처럼 생긴 세포가 쳐다보는 것 같아 깜짝 놀랐다고 한다. 이는 호지킨병의 독특한 암세포 모양으로, 두 개의 핵이 세포 안에 크게 자리 잡고 있다. 이는 훗날 리드-스턴버그 세포라고 불린다.

　다른 암에 비해 생존율이 높지 않은 췌장암을 다룬 영화도 있다. 〈너의 췌장을 먹고 싶어〉(2017)는 내성적인 소년 하루키와 췌장암으로 죽어가지만 밝고 쾌활한 소녀 사쿠라의 로맨스를 담았다. 사쿠라는 췌장암으로 살날이 1년도 남지 않았다고 소년에게 고백하면서, 평범하게 1년을 보내게 해달라고 부탁한다. 감사 인사로, 자신이 죽으면 본인의 췌장을 먹게 해주겠다고. 하루키가 사양하겠다고 하자, 자신은 소중한 사람들 속에서 살고 싶은데 누군가 먹어주면 영원히 그 사람 안에서 살 수 있다고 담담히 말한다. 조금은 섬뜩하게 느껴지는 영화 제목은 이 대사에서 비롯되었다. 일본에서는 오래전부터 아픈 부위에 해당하는 동물의 장기를 먹으면 병이 낫는다는 풍습이 있다. 또한 중요 장기를 먹으면 영혼이 그 사람 속에 머문다는 미신이 있다.

병을 고치기 위해 동물의 장기를 섭취하는 것은 오래전부터 전 세계적으로 퍼져 있던 현상이다. 눈이 좋아진다며 생선의 눈알을 먹거나, 머리가 맑아진다며 소의 골을 먹는 것이 그것이다. 그러나 이는 의학 상식에는 맞지 않고 오히려 기생충에 감염될 위험이 더 크기 때문에 주의해야 한다.

췌장은 '이자'라고도 하는데, 손가락 두 개를 붙여놓은 너비에 길이는 15센티미터 정도로 위 뒤의 복벽에 가까이 붙어 있다. 췌장을 뜻하는 판크레아스pancreas라는 말은 그리스어의 '전체pan'와 '기름 덩어리creas'가 합쳐진 것으로, 단단하지 않은 기름덩어리라는 뜻이다. 오랫동안 그 기능을 몰라 쓸데없는 조직으로만 알고 있다가 해부학과 조직학, 생리학이 발달하면서 1800년대가 되어서야 소화액을 만드는 중요한 장기라는 사실이 밝혀졌다.

의과대학생이던 독일의 파울 랑게르한스(1847~1888)가 현미경으로 췌장을 관찰하던 중 섬처럼 분포된 조직을 처음으로 발견했는데, 이를 랑게르한스섬Langerhans islets이라고 이름 붙였다. 한참 후에 알려진 바로는 췌장에는 약 100~150만 개의 랑게르한스섬이 있고, 그 속에는 알파α, 베타β, 감마γ라는 세포가 있어서 몸의 혈당을 조절한다. 특히 베타 세포에서는 인슐린을 만들어 혈액에 일정량의 포도당이 돌아다니도록 조절하는데, 인슐린 분비가 안 될 때 혈당이 높아져 당뇨가 생긴다. 대표적인 췌장 병으로는 술을 많이 마셔서 생기는 췌장염이 있고, 영화 속 사쿠라가 앓는 췌장암이 있다. 위 뒤편에 있기 때문에 위염으로 착각하기 쉬워서 위염약만 먹다가 암이 많이 진행되고 나서야 발견되곤 한다. 그래서 적절한 치료 시기를 놓치는 경우가 많다.

백혈병은 아마 영화에서 가장 많이 이용하는 소재일 것이다. 백혈병을 영어로 류케미아Leukemia라고 한다. 하얗다는 뜻의 '레우코스leukos'와 피를 의미하는 '하이마haima'가 합쳐진 그리스어다. 독일의 병리학자이자 인류학자, 사회학자로서 세포병리학의 창시자인 루돌프 피르호(1821~1902)가 현미경으로 환자의 혈액을 관찰하다가 유독 비정상적인 백혈구들이 많이 있는 것을 보고 독일어로 하얀 피라는 뜻의 바이세스 블루트Weisses blut라고 명명했다. 이후 1847년에 그가 다시 이 병을 류케미아라고 발표하면서 공식 병명으로 자리 잡았다.

백혈병은 암세포로 변한 혈구 세포들이 혈액을 만드는 골수에서 대거 증식한 후 혈액을 통해 온몸으로 퍼지는 병이다. 암세포가 된 혈구의 종류에 따라서 림프구성과 골수성으로 나뉜다. 악성 백혈구가 골수에 가득 차면 골수는 정상 적혈구들을 만들지 못해 빈혈이 오며, 혈소판이 부족해져서 멍이 들기 쉽다. 대개 영화나 드라마에서 백혈병에 걸린 사람은 창백하게 나온다. 하지만 백혈병 환자는 실제로 그렇게 창백해지지 않는다. 적혈구가 부족해서 하얘질 수도 있지만, 겉으로 봐서 티가 날 정도는 아니다. 영화에서 비극적인 느낌을 극적으로 고조시키기 위해 과장해서 분장을 한 것이다.

좌표도 없이
적진에 대포를 쏘아댄 암 치료

◆

〈애니를 위하여〉

암은 가장 높은 사망 원인인데도 인류가 아직 정복하지 못한 상태다. 암은 도대체 언제부터 생긴 것일까? 왜 치료하지 못할까? 세포가 남아 있지 않고 흔적만 있기 때문에 병리학적으로 증명하지는 못했지만, 200만 년 전 아프리카 남동부에서 발견한 초기 인류의 턱뼈 화석에서 악성 림프종이 전이된 듯한 뼈종양을 찾아냈다고 한다. 고대 이집트나 안데스산맥 등지에서 발견한 여러 미라에서는 암 덩어리도 발견되었다. 암에 대한 기록은 이집트의 파피루스에도 남아 있다. 임호테프가 48가지 임상 사례와 치료법을 나열해놓은 파피루스가 발견되었는데, 45번째 항목에 적혀 있는 '유방에 튀어나온 덩어리'를 유방암으로 추측할 수 있다. 기원전 440년경 그리스의 역사가 헤로도토스의 저서에는 유방암에 걸려 절제 수술을 받았다는 페르시아의 왕비 아토사 얘기가 나온다. 기원전 400년경 히포크라테스는 자신을 찾아온 어느 여인의 몸에 난 혹을 보고 카르키노스(그리스어로 혹이라는 뜻)라고 명명하기도 했다. 이는 고형암인 육종을 가리키는 영어 표현 카르

시노마carcinoma의 어원이 된다.

고대부터 중세까지 영향을 끼친 히포크라테스와 갈레노스는 암 덩어리를 4체액설로 설명했다. "검은 담즙이 갇혀서 과잉으로 생긴 것"이며 "인체의 불균형으로 생긴 것이니 수술로 제거하는 것은 어리석은 짓"이라고 주장했다. 무리해서 제거하는 것보다 그냥 놔두는 편이 오래 사는 길이라는 뜻이다. 암에 대한 그러한 관점은 근대에 이르기까지 오래도록 신봉되었다.

하지만 치료하지 말아야 한다는 관습이 있었어도 혹처럼 튀어나온 암 덩어리를 제거하려는 시도는 꾸준히 있었다. 히포크라테스와 갈레노스의 이론을 따르지 않거나, 그들의 의학 이론을 접해보지 않았기 때문에 오히려 이발 수술장이들은 환자들의 요구에 용감하게 응했다. 이발 수술장이들은 칼로 암 덩어리를 제거했고, 환자들은 대부분 과다 출혈이나 감염으로 죽었기에 치료 효과는 기대할 수 없었다. 치료하다가 문제가 생기면 부리나케 야반도주를 하기도 했다. 유명한 외과의 앙브루아즈 파레도 암 병변을 인두로 지지는 정도로만 다루었다.

이렇듯 4체액설이 암을 바라보는 유일한 견해였고, 쓸 수 있는 약물이라고는 아이오딘(요오드), 비소, 수퇘지 이빨, 여우 허파, 거북이 간, 상아 가루, 게 눈, 염소 똥, 그 외 설사를 시키는 하제가 전부였다. 신부가 손을 잡고 기도하거나 성수를 뿌리는 것처럼 정성 들인 치료는 왕족이나 귀족에게만 행해졌다.

악성 종양 치료법인 수술이 효과를 내기 시작한 것은 에테르를 마취에 사용한 외과 수술 기법이 발달하면서부터다. 1846년 보스턴의

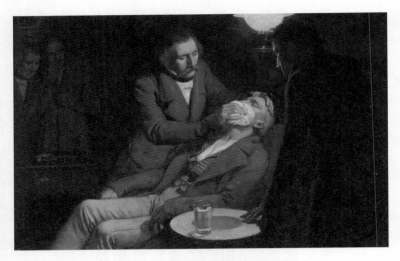

1846년 처음으로 에테르 마취 수술에 성공한 윌리엄 모턴.

치과 의사 윌리엄 모턴은 목의 종양을 제거하면서 에테르 마취를 성공시켰고 세상을 깜짝 놀라게 했다. 이후로 많은 외과 의사들이 충분한 시간을 들여 종양 수술을 진행할 수 있었다. 1800년대 말, 오스트리아의 외과 의사 테오도어 빌로트는 위암이나 대장암 수술, 미국 존스 홉킨스 의과대학의 윌리엄 홀스테드는 주로 유방암 수술에 큰 역할을 했다.

특히 1880년대 중반부터 이루어진 홀스테드의 근치 유방 절제술Radical mastectomy은 이전과 달리 획기적인 수술 방식이었다. 젖가슴을 받치고 있는 큰가슴근과 주변 림프절을 제거하는 수술이다. 심한 경우에는 갈비뼈만 남을 정도로 살벌하게 잘라내는 수술인데, '근치'란 뿌리째 뽑아 암 조직을 아예 없앤다는 의미다. 수술받은 여성은 젖가슴 말고도 근육까지 없어져 어깨가 안으로 굽는 기형적인 모습을 보였다. 이러한 수술 방법은 다른 암 치료에도 적용되어 1950년대까지 이어진다. 그렇게 치료하더라도 암은 대부분 재발했고, 환자들은 결국 몇 년 안에 죽었다.

1895년에 독일의 물리학자인 뢴트겐이 엑스선을 발견하면서 암을 치료하는 데 방사선 치료가 적용되기 시작했다. 흔히 항암제 치료라고 불리는 항암 화학 요법은 1940년대에야 시작된다. 1차, 2차대전 당시 화학전에 사용했던 황 성분의 머스터드 가스(지독한 겨자 냄새가 나서 붙은 이름이지만, 실제로 겨자를 사용하지는 않음)를 응용하면서부터이다. 겨자 가스, 즉 머스터드 가스는 용량에 따라 피부 자극이나 결막염 같은 경미한 증상이 나타나기도 하지만, 심각하면 폐가 손상되었고 살아남아도 만성 후유증을 겪을 수 있었다. 1943년, 이탈리아의 항구 마을에 주둔하고 있던 함정에 100톤의 머스터드 가스가 비축되어 있었는데, 폭격으로 함정이 침몰하면서 가스가 방출되었다. 함정에 있던 사람들이 모두 죽는 바람에 마을 사람들은 자신들이 머스터드 가스에 노출되었다는 사실을 알지 못했다. 그러나 시간이 지나자 머스터드 가스로 인한 징후가 나타났다. 이 불행한 사고로 오히려 머스터드 가스가 혈액 세포에 미치는 영향이 의학적으로 사용될 수 있다고 알려지면서 현대적 항암 화학 요법의 실마리가 되었다. 머스터드 가스에 노출되고도 살아남

1차대전 당시 농도를 달리한 머스터드 가스를 팔뚝에 테스트하는 모습.

은 사람들을 관찰한 결과, 가스 성분이 혈액세포와 골수에 영향을 미쳤던 것이다. 그 원인을 분석하던 예일대학교의 연구팀은 황 대신 질소를 붙여서 독성을 줄인 머스터드 액을 만든다. 이를 악성 림프종에 투여해서 좋은 효과를 얻어냈다.

1947년에는 소아병리학자 시드니 파버(1903~1973)가 '엽산이 인체에 미치는 효과와 부정적 영향'을 연구하던 중, 급성 림프구성 백혈병에 걸린 2살짜리 아이에게 항엽산제인 아미노프테린을 투여해서 생명을 구한다. 세포의 생명에 관여하면서 주요 영양 성분으로 작용하는 엽산은 암세포가 생존하기 위해서도 필요한데, 항엽산제가 세포에서 DNA 합성을 방해하여 암세포를 죽이는 작용이 있음을 알아낸 것이다. 그래서 백혈병에 걸린 16명의 아이들에게 투여하고 골수를 검사했더니, 악성 백혈구 세포로 가득 찼던 골수에 정상 혈구 세포가 다시 채워졌고, 빈혈이 사라지고 통증과 열도 사라졌다. 16명의 아이들 중 10명이 증세가 호전되었고, 5명은 몇 개월이나마 생명을 연장했다. 지금 의학 수준에서 보면 보잘것없는 결과지만, 암 치료 역사에서 수술, 방사선 요법에 이은 최초의 항암제 치료였다. 파버는 항암 화학 요법의 선구자로 불린다. 현재도 항암제는 발전을 계속하고 있다.

1960년대부터 이루어진 보조 화학 요법은 근치 수술이 아니라 필요한 부분만 최소한으로 절제하고 항암 화학 요법으로 암세포를 죽인다. 심하게 잘라내지 않고 기능을 어느 정도 살리면서 치료하니 효과가 더 좋았다.

그러나 암 치료 기술이 발전했다고는 해도 여전히 암 환자의 생존율은 낮았다. 왜 그럴까? 그 이유는 암에 관해 제대로 알지 못한 채 없애려고만 들었기 때문이다. 적이 어디에 있는지, 어떻게 진지를 구축하는지도 모른 채 대포를 쏘아댄 형국이었다. 적에게 강력한 손상을 입히지도 못하면서, 오히려 민간의 피해만 속출하고, 아군의 피로감만 더해질 뿐이었다. 20세기 중반까지만 해도 전문가들은 암을 이기려고만 했지, 암의 정체는 전혀 몰랐다. 그러다 보니 탁월한 암 치료 방법을 개발해도 생존율은 낮고 재발이 빈번하여 효과나 예후가 그다지 좋지 않았다.

암이 발병하는 이유는 모르지만 이상하게 변형된 세포가 과잉 증식되면서 암 덩어리가 만들어지고, 다른 곳으로 퍼지기도 한다는 사실을 알아냈을 뿐이다. 암 유발 물질(발암물질)이 어떻게 암을 만들어내는지조차 알 수 없었다. 몇 번 분열하고 죽는 일반 세포와 달리, 암세포는 끝없이 분열하고 증식하면서 다른 장기로 전이된 후 기관을 파괴해서 몸을 망가뜨린다. 심지어 암세포는 환경에 맞게 진화해서 약물에 저항하기도 한다. 이렇게 무시무시한 암의 정체가 조금씩 밝혀지기 시작한 것은 아주 최근의 일이다.

1990년대에 들어오면서 유전학의 발달에 힘입어 암이 유전자 변이로 생겨난다는 것이 널리 알려졌다. 즉, '암이란 유전의 산물'이다. 암은 부모로부터 물려받기도 하지만, 대부분의 암은 살면서 일어나는 유전자 변이로 생겨난다. 암세포를 만들어내는 유전자는 특별히 만들어진 게 아니라 원래 몸의 핵 안에 들어 있는 3~4만 개의 유전자에 이미 존재하고 있다. 이를 종양유전자라고 부른다. 건드리지 않으면 가

만히 생을 다할 종양유전자들이 우연히, 혹은 노화 과정에서, 아니면 발암물질에 노출되면서 돌연변이가 생겨 활성화된다. 그리고 동시에 암세포의 발생을 억제하는 종양억제유전자가 활성화되지 않으면 암세포가 만들어진다. 결국 얌전히 있으면 될 종양유전자가 변이되고, 그걸 막아야 할 종양억제유전자가 할일을 못하면서 암이란 괴물이 탄생하는 것이다.

이러한 연구 성과에 힘입어, 최근에는 유방암처럼 여성 호르몬의 영향을 받는 암에 호르몬 요법을 쓰거나 종양유전자를 공격하는 분자 표적 요법 등으로 치료한다. 유방암이나 난소암에 결정적인 역할을 하는 BRCA-1이라는 종양유전자를 가지고 있는 영화배우 안젤리나 졸리가 양쪽 유방과 난소를 제거한 것도 이런 암 유전학이 발전한 덕이다.

유방암에 유전 요인이 지대하게 관여한다는 사실이 별로 알려지지 않은 1980년대. 어머니와 이모를 모두 유방암으로 잃었고 언니와 함께 자신도 유방암에 걸리고 만 주인공 애니 파커의 인생 이야기를 담은 〈애니를 위하여〉(2013)는 암을 이기려는 노력과 새롭게 드러난 유전학 이야기를 다룬다. 특히 유방암과 난소암을 일으키는 BRCA1이라는 종양 유전자를 처음 발견한 유전학자 메리 클레어 킹(1946~)이 영화에 등장해서 관심을 끈다.

안락사는
조력일까, 살인일까?

◆

〈아들에게〉

　〈아들에게〉(2020)는 실화를 바탕으로 한 영화로, 원래 제목은 '토미에게 건네는 공책'이다. 난소암으로 난소와 자궁까지 적출한 마리아는 더 이상 수술도, 항암제 치료도 할 수 없다. 그저 진통제로 고통을 누그러뜨리는 게 최선이다. 그래서 마리아는 죽기 전에 아들 토미에게 남기고 싶은 말을 써 내려가며 주변 사람들과의 마지막을 준비한다. 영화는 말기 암 환자의 모습과 심리 상태, 호스피스, 존엄사와 안락사 문제에 대해 생각해볼 점을 시사한다.

　마리아가 앓는 병은 난소암 중에서도 가장 많은 상피성 종양으로, 난소를 싸고 있는 막(상피)에 암이 생기는 것이다. 어느 정도 진행되면 수술, 항암제, 방사선 치료를 모두 해야 한다. 난소암은 난소와 나팔관은 물론 자궁까지 떼어내고 주변의 림프절까지 샅샅이 제거해야 하므로 시간도 오래 걸리고 상당히 어려운 수술이다. 난소암이 복막과 대장이나 직장에 전이되면 12시간이 넘는 힘든 수술을 해야 한다. 아직도 주변 장기로 암세포가 전이되면 어쩔 수 없이 근치적 수술 방

영화 〈아들에게〉 포스터.

법을 쓰지만, 요즘은 방사선이나 항암제를 써서 암 덩어리 크기를 줄인 다음 수술하는 것을 선호한다. 난소암이 복강 내에 퍼졌더라도 그 안에서만 발견된다면 3기다. 다른 장기로 퍼졌다면 4기, 즉 말기 암이다.

이미 암세포가 전신에 퍼져서 더는 치료가 불가능한 상태라면 말기 암 환자 돌봄 체계로 들어간다. 치료가 아니라 돌봄이라고 하는 이유는 수술이나 항암제 치료, 방사선 치료 등을 적용하지 않기 때문이다. 이때 호스피스 혹은 완화의학Palliative medicine이 동원된다. 원래는 중세시대 유럽에서 예루살렘으로 순례를 다녀오던 성직자들이 쉬어가는 곳을 호스피스라고 했는데, 지금은 말기에 이른 환자들이 편안하게 살다 가도록 돕는 것을 뜻한다.

암을 정복하려는 인간의 노력은 효과를 거두기도 했지만, 종양학자들이 고백하듯 암 사망률을 눈에 띄게 낮추지는 못했다. 근치 수술이라는 명목으로 칼질을 해대고, 폭격을 퍼붓듯이 독한 항암제를 투여했을 뿐이다. 방사선 치료나 각종 최신 요법이 개발됐지만, 아직도 월등한 치료 기술이라고 할 수는 없다. 난소암은 환자의 60퍼센트가 3기일 때 병을 발견하는데, 이미 난소 한쪽 혹은 양쪽에 암이 생기고 골반 내 장기에까지 퍼진 상태다. 온갖 치료법을 동원해도 5년 생존율이 40퍼센트를 넘지 않는다. 난소암은 간이나 폐, 뇌로 자주 전이되는데, 이 경우에는 크기에 구분 없이 4기, 즉 말기 암이다. 이때는 5년 생존율이 20퍼센트가 채 되지 않는다. 대부분 진단받으면 몇 년 안에 사망한다는 뜻이다. 이럴 때 호스피스를 선택하기도 한다.

호스피스는 최첨단 의료 기술이 발달한 미국이 아니라 유럽에서 확립되었다. 세계적으로 의학을 선도하며 암 치료에도 앞서 있던 미국은 암을 정복하려는 의지가 강했고, 강박스러울 만큼 열성적으로 달려들었다. 그럴수록 말기 암 환자는 치료에 동원됐다가 쓸모없으면 버려지는 존재가 되고 말았다.

호스피스 운동을 처음 제창한 시슬리 손더스(1918~2005)는 영국의 간호사이자 의사다. 그는 1940년대 말, 독일의 핍박을 피해 폴란드 바르샤바 게토에서 탈출한 뒤 런던에 정착한 어느 유대인 난민과 사랑에 빠진다. 그 남성은 말기 암 환자로, 손더스에게 500파운드(지금 3,000만 원 정도)를 남기며 자신의 소원을 들어달라고 부탁한다. 죽어서 당신 집의 창문이 되게 해달라고 한 것이다. 손더스는 런던의 암 병동에서 창문조차 없는 어두운 방에 갇혀 희망보다는 절망과 우울감으로 죽을 날만 기다리는 암 환자들을 보게 된다. 그 후 정식으로 의학 교육을 받고 1957년에 의사 자격증을 취득한다. 1967년에는 세계 최초의 호스피스 병원인 '성 크리스토퍼 호스피스 센터'를 설립한다. 결국 손더스는 말기 암 환자들에게 창문을 만들어준 셈이다. 지금도 성 크리스토퍼 호스피스 센터에는 "당신은 당신이기 때문에 중요합니다.

그리고 당신은 인생의 마지막 순간까지 중요합니다"라는 글귀가 걸려 있고, 500파운드 이야기가 기록되어 있다.

손더스는 종양 전문가를 비롯하여 정신의학자, 신경과 의사, 물리치료사 등 각 분야의 전문가들을 모아 환자가 존엄함을 지키면서 고통 없이 세상을 마감할 수 있도록 돕기 시작했다. 환자를 대할 때는 암이라는 병리 문제만 보는 게 아니라 영적인 측면을 고려했고, 전인적으로 돌보는 것을 원칙으로 했다. 나중에는 말기 암 환자뿐만 아니라 에이즈 환자와 말기 질환을 앓는 사람까지 받아들이면서 대상을 넓혔다.

호스피스와 완화의학 분야에서 기억해야 할 사람이 또 있다. 스위스계 미국인인 정신의학과 의사 엘리자베스 퀴블러로스(1926~2004)는 임종을 맞이하는 사람과 그 가족이 어떻게 대처해야 하는지 연구했다. 사람들은 갑자기 암 선고를 받거나 죽음에 직면하게 되면, 왜 자신이 그런 벌을 받아야 하는지 부정하고 분노하는 단계를 거쳐 타협하고 우울감에 빠져들었다가 결국에는 이해하고 수용하는 과정을 거친다. 이를 '분노의 5단계'라고 한다.

한편 캐나다 의사인 밸포어 마운트(1939~)는 완화의학을 주창했고, 세계보건기구에서는 완화의학을 이렇게 정의하고 있다. '생명을 위협하는 질병에 대해 환자와 그 가족의 삶의 질을 향상시키는 접근 방식으로 통증이나 기타 신체적 문제를 조기에 찾아내어 적절한 진단과 치료를 통해 고통을 막고, 육체적·심리적·사회적·영적으로 도움을 주는 것'이라고. 치료 가능성이 낮은 말기 환자들이 생명을 연장하거나 치료를 받는 대신 변비 치료, 구토 억제, 통증 완화, 불면증 치료 등을 통해 삶의 질을 높이는 것이다. SNS를 통해 사회와 소통하거나, 종교의 힘을 빌리거나, 가족이나 친구와 함께하는 것도 완화의학에 해당한다. 이런 과정을 거치며 환자와 주변인이 죽음을 삶의 일부로 받아들일 준비를 한다. 호스피스와 완화의학은 비슷한 개념이어서 요즘은 '호스피스-완화의학'으로 묶어 부른다.

　　말기 환자들의 경우에 존엄사나 안락사를 택하기도 한다. 존엄사와 안락사는 차이가 있다. 존엄사는 생명 연장 장치를 제거해 무의미한 치료를 하지 않으면서 자연스럽게 사망에 이르게 하는 것이다. 안락사는 환자가 통증이나 힘든 고통을 없애기 위해 약물 등의 방법으로 인위적으로 죽음을 앞당기는 것이다. 존엄사는 한국에서도 수많은 논의를 거쳐 2016년에 관련 법률이 만들어진 후 시행되고 있지만, 안락사는 여전히 많은 나라에서 금지하고 있다.

　　우리나라에서도 '조력존엄사법'이 국회에 제출되었고 대다수의 국민이 찬성했다. 하지만 종교계와 일부 의사나 단체의 반대로 통과되지 못했다. 유럽에서는 처음으로 네덜란드가 2001년부터 안락사 허용과 조건에 대한 법률을 시행하고 있다. 스위스는 안락사 허용 국가로 알려졌지만, 의료인이 능동적으로 대상자의 숨을 거두는 것은 여전히 불법이다. 안락사는 엄밀히 말해서 환자가 스스로 목숨을 끊게끔 회사가 도와주는 것이라서 의사 조력 자살Physician-assisted suicide이라고 해야 한다.

　　우리나라에서 존엄사 문제를 제대로 논의하기 시작한 계기는 보라매병원 사건이다. 1997년 12월, 술에 취해 화장실에 가던 중 넘어져서 머리를 다친 남성이 보라매병원에서 응급으로 뇌수술을 받았으나 자발 호흡을 하지 못하자 인공호흡기를 부착한다. 시간이 지나도 의식이 돌아오지 않았고, 만에 하나 회복하더라도 뇌사 상태로 유지될 가능성이 높자, 치료비가 부담된다는 이유로 가족들은 서둘러 퇴원하기로 결정한다.

대뇌 기능의 정지로 의식이 없고 움직일 수도 없지만 심장이 뛰고 호흡을 자발적으로 하는 경우를 식물인간이라고 부른다. 살아 있지만 식물처럼 움직이지 않는다고 해서 영어로는 'vegetative state'라고 한다. 대뇌 기능을 멈추게 한 요인을 찾아내서 해결하면 수개월이나 수년이 지난 후에라도 회복될 수 있다. 흔히 뇌사Brain death와 혼동하곤 하는데, 뇌사는 의식이 없고 마비된 상태는 식물인간과 마찬가지지만 생명 중추인 뇌줄기(뇌간)에 손상을 입어 심장 박동 외의 모든 기능이 정지된 상태를 말한다. 뇌줄기는 대뇌와 척수 중간에 위치하면서 호흡, 혈압 조절, 내장 운동 등을 관장하기 때문에 생명 활동에 핵심적이다. 뇌사자는 자발 호흡을 하지 못하기 때문에 인공호흡기를 떼는 순간 죽음에 이른다.

여하튼 보라매병원에서 퇴원한 환자는 집으로 돌아가서 인공호흡기를 뗐고, 5분 만에 숨을 거뒀다. 그런데 나중에 친척이 이를 고발하면서 사건이 터진다. 검찰은 인공호흡기를 떼도 좋다고 한 환자의 부인에게 살인죄를, 이를 허용한 의사들에게 살인방조죄를 적용했고, 7년 넘게 재판이 진행되었다. 대법원은 2004년 6월에 원심대로 부인에게는 징역 3년에 집행유예 4년(5개월간 구속)을, 환자를 맡았던 전문의와 집까지 이송을 담당했던 전공의는 살인죄를 방조한 죄가 인정되어 징역 1년 6개월에 집행유예 2년을 최종 선고하였다.

이 사건은 한국 사회에 큰 논쟁을 일으켰다. 그 이후로 병원에서는 회생이 불가능한 환자라고 해도 인공호흡기를 절대 떼지 않는 상황이 벌어졌다. 숨만 쉴 뿐 의식이 돌아올 가망이 없는 환자가 몇 년이고 누워 있는 모습을 어느 병원에서고 볼 수 있었다. 시간이 지나면서 각계의 오랜 논의를 거쳐 존엄사법이 탄생했다. 존엄사법 또는 웰다잉법이라고 불리는 이 법의 원래 명칭은 '호스피스·완화의료 및 임종 과정에 있는 환자의 연명의료 결정에 관한 법률'이다. 치료나 소생 가능성이 없는 말기 환자가 심폐소생술, 혈액 투석, 항암제 투여, 인공호흡기 착용 등 적극적인 치료를 중단하고 호스피스·완화의료를 선택하거나 연명의료를 받지 않을 권리를 환자 본인에게 준다는 내용이다. 환자가 선택할 수 있는 최선의 이익과 자기 결정권을 존중하면서 인간으로서의 존엄과 가치를 보호하는 것을 목적으로 한다. 19세 이상의 성인이 임종 과정에 처할 경우 호스피스·완화의료를 선택하거나 연명의료 중단을 스스로 결정할 수 있는 '사전연명의료의향서'를 미리 작성해두면 연명의료를 받지 않을 수 있다.

내 몸을
내가 공격한다고?

◆

〈8년을 뛰어넘은 신부〉, 〈브레인 온 파이어〉

영화 〈8년을 뛰어넘은 신부〉(2021)는 실화를 바탕으로 한 일본 소설이 원작이다. 히사시와 마이는 결혼을 약속한 사이인데, 마이에게 병이 찾아온다. 마이는 기억을 잃기도 하고 갑자기 소리를 지르거나 헛소리를 하며 발작을 일으키더니 곧 심정지가 온다. 병원의 조치로 심장은 다시 뛰기 시작했으나, 이번에는 코마 상태에 빠져 식물인간이 된다. 1년 반이 지난 어느 날 마이는 의식을 회복하지만, 모든 기억을 잃고 아이의 수준으로 지능이 떨어진다. 노력 끝에 마이는 서서히 기억을 되찾고, 결국 두 사람은 8년 만에 결혼식을 올린다.

마이가 기억상실까지 겪은 이유는 항NMDA 수용체 뇌염Anti-NMDAR encephalitis이라는 병 때문이었는데, 매해 100만 명당 1.5명꼴로 발병할 만큼 희귀한 자가면역질환이다. 〈브레인 온 파이어〉(2017)도 항NMDA 수용체 뇌염을 앓은 20대 여성의 실화를 바탕으로 쓴 소설을 영화화한 작품이다. 젊고 의욕 넘치는 기자 수잔나는 마이와 마찬가지로 가벼운 증상으로 시작되어 점점 착란 증세와 감정 기복이 심해지고 결국에는 몸을 움직이지도 못한다. 수잔나는 부모와 남자 친구, 의사 들의 노력과 집념으로 완치되었고, 직장에 복귀하고 결혼도 했으며, 자신의 이야기를 책으로 펴냈다. 그녀는 이 병으로 진단받은 217번째 환자였고, 이 질병으로 고통받는 환자들에게 많은 도움을 주었다고 한다.

대뇌 신경에는 신경 간 연결 통로인 시냅스 부위에 정보를 전달하거나, 감정 상태를 조절하는 신경전달물질을 받아들이는 수용체가 있다. 이 중에서 다소 어려운 이름을 지닌 단백질 N-methyl-D-aspartate(NMDA)로 구성된 것이 NMDA 수용체다. 이를 면역 항체가 외부 물질로 인식하여 공격하는 자가면역질환이 바로 항NMDA 수용체 뇌염이다. 신경이 손상되면서 심한 두통이 일어나거나, 의도하지 않은 몸 움직임을 보이는 헌팅턴병, 뇌전증(간질), 파킨슨병, 알츠하이머 치매 등 뇌신경질환을 일으킨다. 심지어 조현병과 우울증이 생길 수도 있다.

이는 난소 기형종Ovarian teratoma을 가진 여성을 진료하면서 2007년에야 처음 보고될 정도로 최근에 밝혀진 뇌질환이다. 기형종이란 종양의 일종으로, 태아가 생길 때 외배엽, 중배엽, 내배엽에서 생기는 배아 조직 세포가 엉뚱한 곳에서 나타나는 것이다. 특히 이 조직 세포가 난소에 나타

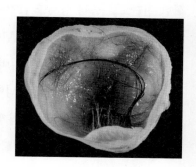

절개한 난소 기형종.

나면 치아나 머리카락, 또는 전혀 다른 조직이 섞여 둥그렇게 뭉쳐진다. 대부분 양성이지만 일부 악성 종양도 있다. 난소에 기형종이 생겼을 때 그에 맞서 싸워야 할 항체(면역체계)들이 자기 몸을 공격하면서 항NMDA 수용체 뇌염이 일어나기도 한다. 폐암의 일종인 폐소세포암, 혈액암의 일종인 호지킨림프종, 고환암에서 가장 많은 형태의 종자세포종양의 경우에도 항NMDA 수용체 뇌염에 걸릴 수 있다고 보고되었다. 그뿐 아니라 입술에 물집 모양으로 생기는 단순 헤르페스바이러스와 수두바이러스, 소아에서 폐렴을 잘 일으키는 세균인 마이코플라스마 등에 감염된 후에도 항NMDA 수용체 뇌염에 드물게나마 걸릴 수 있다.

항NMDA 수용체 뇌염에 걸리면 초기에는 건망증처럼 가벼운 기억 상실을 일으킨다. 곧 이상행동(정신착란)이 나타나고 팔다리를 비정상적으로 움직이거나 신경성 발작 혹은 근육 경직으로 호흡곤란이 올 수도 있다. 호흡곤란으로 뇌에 공급하는 산소가 결핍되면 대뇌 신경이 손상되므로, 빨리 치료하지 않으면 심각한 후유증이 따른다. 정확한 진단으로 공격 항체를 없애는 면역 치료를 하면 다행히 대부분 회복된다. 영화의 마이처럼 몇 년이고 의식이 없거나 마비됐던 사람이 정상으로 돌아오는 기적이 일어나기도 한다.

1900년 전후로 면역의 개념이 등장하는데, 파울 에를리히는 혈청에 있는 어떤 물질(항체)이 면역계의 중심이라고 주장하면서 현대 면역학의 선구자가 되었다. 그와 달리 일리야 메치니코프(1845~1916)는 세포(백혈구)가 면역의 중심이라고 주장하면서 에를리히와 대립했다.

결국 면역은 여러 종류의 백혈구와 이들이 만들어내는 항체가 함께 작용하는 것으로 최종 정리된다. 한편 ABO 혈액형의 원리를 밝혀내면서 안전한 수혈을 가능하게 한 란트슈타이너(1868~1943)가 1950년대에 용혈성 빈혈의 원인으로 자가면역Autoimmune이라는 용어를 처음 사용한다. 이물질이나 병균이 몸 안에 들어오면 여러 종류의 백혈구와 항체가 공격해서 없애는 면역 반응이 일어난다. 그런데 자가면역은 어떤 요인으로 인해 유전자 변이가 일어나서 백혈구가 몸의 특정 조직을 몸 밖의 이물질이나 병균으로 인식하고 공격하도록 항체를 동원하여 염증을 일으키는 것이다. 내가 나를 공격하는 비정상적 면역 반응이다.

지금까지 밝혀진 자가면역질환만 해도 100여 가지인데, 앞으로 더 많이 발견될 것으로 예상된다. 서구에서의 유병률은 약 5퍼센트다. 구강 궤양과 장기 손상을 일으키는 셰그렌증후군, 곡물에 있는 단백질인 글루텐을 섭취했을 때 장점막이 손상되는 셀리악병, 장에 만성염증을 일으키는 크론병, 궤양성 대장염 들이 그 예다. 소아기에 발견되는 1형 당뇨, 갑상샘 기능항진증(그레이브스병), 부신 호르몬 분비가 되지 않아 기능 이상을 일으키면서 피부가 검어지는 부신기능부전(에디슨씨병) 같은 내분비 질환부터, 비타민 B12 부족으로 생기는 악성 빈혈, 점차 근력이 떨어져 움직이지 못하는 중증근무력증, 근육통과 무기력을 겪다가 2~3주 정도면 자연히 낫는 길랭-바레증후군, 중추신경세포가 공격당하는 다발성 경화증, 류머티즘, 원형 탈모나 건선, 루푸스, 피부경화증 같은 피부질환까지, 자가면역에 의한 병은 매우 다양하다.

중추신경계인 대뇌와 척수 신경을 공격하는 자가면역질환으로 급성 파종성 뇌척수염Acute disseminated encephalomyelitis, ADEM이 있는데, 비교적 오래전부터 알려졌다. 처음에는 두통을 동반한 감기 같지만, 몇 주나 몇 달이 지나면 다양한 증상이 나타난다. 건망증이나 조현병 같은 정신 증상도 보이고, 팔다리 근육의 움직임도 이상해지다가 나중에는 호흡곤란까지 일어난다. 자가면역질환인 하시모토 갑상샘 기능저하증과 연관되어 생기는 하시모토 뇌염Hashimoto's encephalopathy도 뇌를 공격해서 비슷한 증상이 드러나지만, 진행이 느리고 스테로이드를 투여하면 치료된다. LG11/CASPR2 항체성 뇌염LG11/CASPR2-antibody encephalitis은 항체가 대뇌 중심부에 자리한 변연계에 많이 있는 특정 단백질을 공격하는 것이다. 캐나다의 신경의학 의사 이름을 따서 붙여진 라스무센 뇌염Rasmussen's encephalitis은 주로 아이들에게 많이 생기는데, 대뇌 반구의 한쪽에서 발생하는 특징이 있다.

　　중추신경을 공격하는 자가면역질환들은 기억력 저하나 발작, 감정 기복, 조현병 같은 정신 이상 증세, 자율신경 이상, 근육 기능 이상, 호흡곤란 등 공통의 중추신경 관련 증상들을 가지지만 일부 증상이나 진행 과정은 다양하게 나타난다. 대개는 희귀병이며, 면역체계가 스스로를 공격하지 않도록 면역억제제로 면역력을 억제하여 치료한다.

치매는 나이가 들어야만
걸리는 걸까?

◆

〈더 파더〉, 〈로망〉, 〈로빈의 소원〉, 〈스틸 앨리스〉

　　오래도록 독일에서 살다가 말년은 고국에서 보내고 싶다는 마음에 제주도에 터를 잡은 노부부가 있다. 내가 주치의를 맡았는데, 70대 초반이었던 부부를 처음 진료실에서 만났을 때는 고혈압이나 당뇨 정도는 있었지만 건강한 편이었다. 어느새 시간이 흘러 부부는 80대 중반이 되었고, 남편은 얼마 전 말기 위암으로 세상을 떠났다. 홀로 남은 부인은 최근 치매를 앓으면서 딸의 도움으로 겨우 병원을 방문한다. 남편은 세상을 떠나기 1년 전부터 부인이 자꾸 날짜를 기억하지 못하고, 집에 둔 물건을 찾지 못한다며 내게 푸념을 하곤 했다. 나는 간단한 대화로 부인의 인지 상태를 살폈고, 초기 치매 증세인 것 같아 전문 병원에서 관련 검사를 받으라고 했다. 현재 부인의 치매 증상은 점점 나빠져서, 진료를 받으러 올 때마다 미소를 띠며 연신 인사는 하지만 안타깝게 오래 알고 지낸 주치의인 나도 알아보지 못한다.

　　치매Dementia는 한자로 '癡呆'라고 쓰는데, 어리석거나 미쳤다는 뜻이다. 오래전 일본의 정신의학자가 만든 말로 중국, 대만과 함께 한

● 〈로망〉의 한 장면. 부부의 '동반 치매'를 소재로 한 영화다.

●● 〈로빈의 소원〉의 한 장면. 영화배우 로빈 윌리엄스가 루이소체 치매에 걸린 후 무엇을 괴로워했는지 엿볼 수 있다.

●●● 〈스틸 앨리스〉의 한 장면. 젊은 대학교수가 조발성 치매에 걸려 힘들어하면서도 이를 극복하려는 모습이 돋보인다.

자 문화권에 속한 우리나라는 일제강점기 때부터 사용했다. 단어가 비인격적이라고 해서 일본은 2004년에 인지증, 대만에서는 실지증, 중국이나 홍콩에서는 뇌퇴화증으로 공식 용어를 바꿨다. 우리나라에서도 이에 대한 논의가 되고 있지만, 한자를 쓰지 않아 정확히 어떤 뜻인지 모르는 데다 이미 고착화된 상태라 바꾸지 말자고 반대하는 사람도 있다.

치매를 다룬 영화들은 대게 가족 중 한 사람이 기억력 상실을 겪으면서 지인이나 날짜 등을 인식하지 못하는 안타까운 장면이 연출된다. 〈더 파더〉(2020)는 치매에 걸려 시공간을 혼동하는 노인의 눈으로 영상이 만들어진 독특한 전개 방식의 영화다. 그리고 한국 영화인 〈로망〉(2019)은 노부부가 함께 치매에 걸린 상황을 그려냈는데, 영화 제목은 과거에 치매를 비하해서 부르던 '노망'을 중의적으로 사용한 듯하다. 미국의 유타주립대 노인의학 연구팀에 의하면, 부부 중 한쪽이 치매를 앓으면 그 배우자는 그렇지 않은 배우자보다 치매에 걸릴 위험이 6배나 높고, 특히 아내가 치매에 걸리면 남편의 치매 위험은 11.9배나 높다고 한다.

한편 다큐멘터리 〈로빈의 소원〉(2021)을 보면 왜 유명 배우였던 로빈 윌리엄스가 극단적인 선택으로 생을 마감했는지 알 수 있다. 따뜻하고 유머러스한 연기로 희망을 전하던 그였기에 많은 사람이 그의 죽음에 충격을 받았다. 어느 날 그에게 갑작스레 불안, 환각, 손떨림, 인지장애가 찾아온다. 남들에게 그런 모습을 보이지 않으려고 애쓰지만 영화 대사를 자주 까먹고, 우울증을 겪고, 감정 기복이 심해지면서 혼자서 괴로워한다. 사랑하는 사람들에게 더 이상 자기가 아닌 모습을 보여주기 싫었던 그는 자살로 생을 마감한다. 그가 죽은 후 두 달 뒤에 루이소체 치매를 앓았다는 부검 소견서가 공개된다. 그의 소원은 뇌를 재부팅하는 것이었다.

통계에 따르면 2020년 미국에서는 3억 3,000명의 인구 중에 약 500만 명이 치매를 앓고 있으며, 30년 내로 1,500만 명 이상으로 늘어날 것이라고 한다. 고령 인구가 세계 최고 수준인 일본은 비슷한 시기에 인구 1억 2,000명 중 치매 환자 수가 500만 명을 넘었고, 2030년에 800만 명 이상으로 증가할 것으로 예상한다. 한국도 인구 5,000만 명 중 80만 명 정도로 일본보다 적은 편이지만, 30년 후에는 300만 명이 넘을 것으로 보인다.

예전에는 나이가 들어야 치매에 걸린다고 생각했지만, 요즘은 젊은 층에서도 치매가 발병하는 경우가 늘고 있다. 치매는 인류가 아직 정복하지 못한 병의 하나로, 치료제는 병의 진행을 더디게 하는 정도일 뿐이다. 치매 초기에는 단기 기억 상실이 반복해서 일어나고 최근의 일들을 떠올리는 데 어려움을 겪다가, 점차 심해지면 시간이나 장소(공간)를 헷갈려 하거나 인식하지 못하고 사람을 알아보지 못하는 인지장애를 겪는다. 한 가지 사물에 집착하거나 늘 하던 일상적인 행위를 하지 못하거나 감정의 기복이 심한 것도 치매의 특징이다. 건망증은 어떤 사실을 깜박 잊더라도 금방 알아차리지만, 치매의 기억력 장애와 인지장애는 지속적이고 일상생활에 지장을 초래할 만큼 심각하다는 차이가 있다.

치매는 뇌에 손상을 주는 모든 질환에 의해 생길 수 있다. 가장 많은 유형이 나이가 들면서 생기는 알츠하이머형 치매다. 뇌졸중이나 뇌혈관 손상으로 생기는 혈관성 치매와 특정 단백질이 쌓여서 생기는 루이소체 치매 등이 그 뒤를 잇는다.

알츠하이머는 원래 나이가 들면서 자연히 진행되는 뇌의 병이라고만 알려져 있었는데, 독일의 정신의학과 의사이자 신경병리학자인 알로이스 알츠하이머(1864~1915)가 밝혀내면서 세상에 알려졌다. 그는 치매 증상을 가진 환자들이 사망한 후에 부검해서 뇌를 현미경으로 관찰하던 중, 보통 사람들과 달리 단백질이 뇌에 뭉쳐 있는 것을 발견했다. 알츠하이머 치매의 원인이 뇌의 병리학적 이상이라고 보고하면서 관련 연구가 활발해지기 시작했다.

알츠하이머를 일으키는 단백질은 베타 아밀로이드나 타우 단백질로 이것이 뇌에 쌓이면 뇌 신경세포를 서서히 죽인다. 타우 단백질은 단세포인 아메바부터 인간의 몸에 이르기까지 모든 생물 세포에 존재하는 정상 단백질이다. 건물을 지을 때 필요한 벽돌처럼 세포 내부의 골격 유지를 위해 필요한 물질이며, 신경세포에도 아주 중요한 기능을 한다. 1990년대 초에는 베타 아밀로이드 가설이 등장하는데, 이것도 모든 포유동물의 세포에서 발견되지만 뇌에 쌓이면서 신경을 손상시키는 원인으로 작용한다고 알려져 있다. 둘 다 정상적인 단백질이지만 대뇌겉질과 학습이나 기억의 중추인 해마에 쌓이면 신경세포를 망가뜨린다. 이러한 단백질 침착 이론은 여러 원인 중 가장 유력한 가설인데, 이를 예방하거나 없애는 치료제를 개발하는 것이 현재

연구 방향이다. 알츠하이머의 유전 경향성은 5퍼센트로 낮다고 하니, 대부분 나이가 들면서 퇴행성으로 인해 생기는 것으로 볼 수 있다.

알츠하이머에는 FDA에서 승인한 1996년 도네페질Donepezil, 1999년 리바스티그민Rivastigmine, 2001년 갈란타민Galantamine 등의 약물이 많이 쓰인다. 이는 기억과 학습에 중요한 신경전달물질인 아세틸콜린의 농도를 올려서 임시적인 효과를 얻는 것이라, 알츠하이머 치매를 예방하지는 못하고 진행을 약간 늦출 뿐이며 치료제도 아니다. 뇌혈관에 좋다는 혈액순환제를 복용하기도 하지만, 효과는 그다지 없다.

최근 우리나라는 치매에 대한 관심이 높아지면서 치매 안심 병원 등의 정책을 수립했다. 암이나 다른 질환처럼 치매를 조기에 발견하고 치료하자는 취지다. 하지만 치매를 일찍 발견한다고 해서 치료를 잘할 수 있는 것은 아니다. 아직은 치매를 일찍 발견해서 환자들이 잘 적응할 수 있도록 도와주는 정도다.

나이, 성별, 학력, 다운증후군, 가족력 등은 중요한 치매 유발 인자이고, 나이가 많을수록, 여성일수록, 학력이 낮을수록 치매 위험이 높게 나타난다. 하지만 최근에는 똑똑한 젊은 사람에게서도 가끔 발견된다. 영화 〈스틸 앨리스〉(2014)는 세 아이의 엄마이자 사랑받는 아내이며, 존경받는 대학교수 앨리스가 50세의 젊은 나이에 조발성 치매를 앓는 과정을 그린다. 오래전에는 인지장애, 망상, 감정 기복 등을 보이는 조현병을 치매와 비슷한 증상을 보이는 데다 어리거나 젊은 나이에 발병한다고 해서 조발성 치매라고 했다. 그러나 지금은 조현병과 관계없이 나이가 많지 않을 때 생기는 치매만 조발성 치매라고 부른다. 언어학 교수인 앨리스는 늘 쓰던 단어를 떠올리지 못하거나, 운동 삼아 매일 달리던 길에서 갑자기 멍해져 발길을 멈추는 일이 잦아진다. 왜 자신이 그곳에 있는지, 그곳이 어디인지 잊어버린다. 앨리스는 증상이 심해지면서 더 이상 아이들을 돌볼 수도, 학생들을 가르칠 수도 없다. 집안 곳곳에 할 일을 적어놓고, 연설을 할 때는 이미 말한 곳에 표시를 해놓는 등 실수하지 않으려고 애쓴다. 영화는 조발성 알츠하이머 치매의 증상을 자세하고도 생생히 그려낸다. 하루가 다르게 기억을 잃어가는 치매 환자를 보살피는 가족의 애환도 담겨 있다.

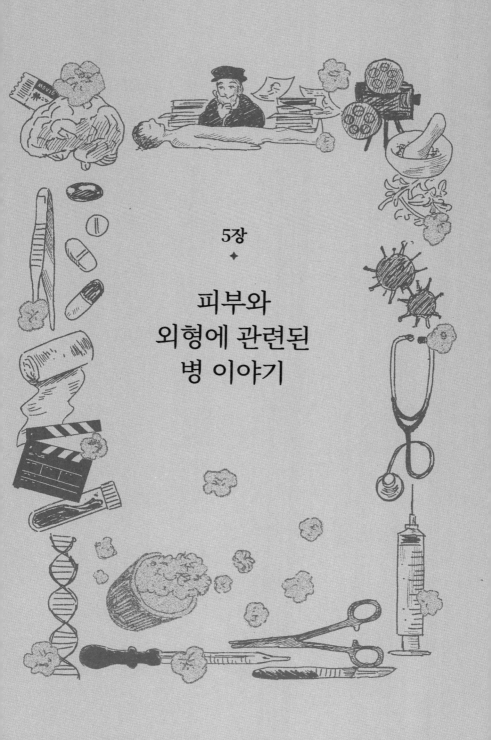

5장
✦

피부와
외형에 관련된
병 이야기

그는 왜
코끼리 인간으로 불렸을까?

◆

〈엘리펀트 맨〉

〈엘리펀트 맨〉(1980)은 조지프 메릭(1862~1890)이라는 실존 인물을 다룬 영화다. 사람들이 메릭의 흉측한 얼굴을 보고 무서워서 소리를 질렀기 때문에, 그는 큰 자루에 구멍을 뚫어서 쓰고 다녀야 했다. 태어날 때는 정상이었으나 자라면서 점점 모습이 기형적으로 바뀌었다. 이마는 크게 돌출되어 코끼리를 연상시켰고, 뒤통수는 불룩 튀어나왔으며, 얼굴은 기괴하게 일그러졌다. 머리뿐만 아니라 두꺼운 오른팔과 두 다리는 코끼리처럼 두껍게 부풀었고, 몸통에는 많은 혹이 붙어 있다. 메릭은 부모에게 버림받고, 극빈자 수용소를 전전하다가 어느 유랑 서커스단으로 팔려간다. 서커스 단장이 어머니가 그를 임신했을 때 코끼리한테 밟혀서 그런 형상으로 태어났다고 소개하는 바람에 코끼리 인간, 즉 '엘리펀트 맨'으로 불린다.

소문을 들은 왕립 런던 병원의 외과 의사 프레드릭 트레브스는 새로운 연구 거리를 찾을 겸 호기심으로 서커스단을 찾아가서 돈을 주고 그를 집으로 데려간다. 다른 의사들 앞에서 트레브스 박사는 메릭의 심한 유두종 이상 증식과 머리뼈 양성 종양 등이 기형적인 외모의 원인이라고 밝혀 큰 호응을 얻는다. 유두종Papilloma은 브로콜리처럼 이상 증식을 하는 피부질환인데, 크게 확대해보면 젖꼭지처럼 튀어나왔다고 해서 붙은 이름이다.

조지프 메릭을 기념하기 위해 박물관에 전시해놓은 뼈를 최근 과학자들이 분석해보고는 그의 병이 신경섬유종Neurofibromatosis임을 알아냈다. 당시의 의학 수준으로는 정확히 규명하기 어려웠다. 신경섬유종은 유전되기도 하고, 돌연변이로 발생하기도 한다. 주로 몸에 밀크 커피 색깔의 반점Café-Au-Lait Spots이나 작은 돌기 정도에서 메릭의 경우처럼 심한 기형이 생기는 경우도 있다. 얼굴이나 몸의 피부가 늘어져서 형체를 알아볼 수 없게 되기도 하고, 뼈에 변형이 일어나 척

조지프 메릭의 실제 모습(왼쪽)과 영화 〈엘리펀트 맨〉 포스터(오른쪽).

추옆굽음증(척추측만증) 등을 일으키기도 한다. 이 병은 지능과는 상관이 없다. 독일의 병리학자 폰 레클링하우젠(1833~1910)이 1882년에 처음 보고하면서 폰 레클링하우젠 증후군으로 불리기도 한다.

신경섬유종은 단일 염색체의 결함을 가진 상염색체 우성으로 유전되며, 신경에 영향을 미쳐 피부뿐 아니라 전신에 문제가 생긴다. 대부분은 피부부터 시작하여 뼈나 여러 장기를 손상시키는 1형 신경섬유종이고, 뇌막과 청신경에 양성 종양을 만드는 2형 신경섬유종도 있다. 4,000명 중 1명꼴로 나타난다고 하니 아주 드문 질환은 아니다. 유전성 질환이 대부분 그렇듯 근본적인 치료 방법은 없다. 종양을 제거하거나 얼굴 기형을 성형할 수도 있지만 재발한다. 게다가 우리나라의 건강보험은 이 질환에 대한 치료비가 제한적으로만 적용되므로 증상이 심한 환자들은 수술 횟수를 줄일 수밖에 없다. 신경섬유종은 성형 수술로 간주되어 보험 혜택을 받기 어려운 것도 문제이다.

조지프 메릭은 입원해 있던 런던 병원에서 27세의 젊은 나이로 사망했다. 스스로 목숨을 끊지 않았을까 추정했으나, 훗날 그를 분석한 결과 사인은 신체 구조 기형으로 인한 호흡곤란으로 밝혀졌다. 구부러진 척추와 갈비뼈가 그의 심장과 폐를 오랫동안 눌러왔던 것이다.

햇빛을 쬐면
죽는다고?

〈미드나잇 선〉

피부는 외부의 미생물이나 여러 이물질의 공격을 막고 체온을 조절하는 등 중요한 역할을 하는 인체 기관이다. 털이나 손톱과 발톱도 피부의 일부로써 피부 부속기라고 한다. 피부는 0.1밀리미터 정도의 얇은 표피와 혈관, 신경, 기름샘(피지샘), 땀샘 같은 분비샘이 있는 1밀리미터 두께의 진피, 그 아래 피하지방층으로 되어 있다. 그중에서 표피는 아주 얇지만 맨 바깥에 있는 각질층부터 투명층, 과립층, 유극층, 바닥층까지 5개의 층으로 이루어져 있다.

진피에 이르기 전 표피의 바닥층에는 멜라닌 세포가 군데군데 섞여 있는데, 여기에서 분비되는 멜라닌에 따라 피부 색깔이 정해진다. 멜라닌은 자외선을 차단하는 역할을 하고 피부를 보호한다. 검은 피부는 흰 피부보다 멜라닌 소체가 크고 멜라닌이 활성화되어 있어서 더운 지역에 사는 사람들의 피부를 안전하게 보호한다. 피부 색깔은 멜라닌 세포의 수가 아니라 활성도에 따른 것으로, 멜라닌 세포의 수는 인종과 민족 또는 피부색과 관계없이 일정하다. 이렇듯 표피만 벗

겨내면 똑같은 인간인 것을 피
부색으로 차별하다니 참 어처
구니가 없다.

영화 〈미드나잇 선〉(2017)
은 어렸을 때부터 색소성 건피
증이라는 희귀한 병을 가지고
있는 소녀 케이티의 이야기다.
색소성 건피증은 햇빛을 보면
안 되는 질환이라, 케이티는 어
렸을 때부터 아버지의 철저한
보호를 받으며 자란다. 낮에는

영화 〈미드나잇 선〉 포스터.

절대로 밖으로 나가서는 안 된다. 병증이 악화되어 죽을 수도 있기 때
문이다. 집 창문은 자외선을 완벽하게 차단하는 특수 유리로 되어 있
다. 낮에는 집 안에서 생활하고, 해가 진 후 밤이 되어야만 나갈 수 있
다. 이 영화는 일본에서 〈태양의 노래〉(2006)란 제목으로 먼저 만들어
져 엄청난 인기몰이를 한 작품이다. 찰리를 연기한 주인공 패트릭 슈
왈제네거는 이름에서 짐작하듯이 아놀드 슈왈제네거의 아들이다. 근
육질의 아버지와 달리 훈남이다.

색소성 건피증은 1874년 헝가리 출신 의사인 모리츠 카포지
(1837~1902)에 의해 처음 알려졌다. 그는 헤르페스 바이러스(헤르페스
8형)로 인해 전염되는 카포지 육종을 발견했다. 색소성 건피증은 어려
서부터 적갈색 반점이 많이 생기고 피부가 건조해지므로 이런 이름이

붙었으며 원인은 알려지지 않았다. 100여 년이 지난 후 유전학이 발달하면서 상염색체 열성으로 유전되는 질환임이 알려졌다. 겉으로 보기에 특정 유전자를 가지고 있는 부모는 오히려 멀쩡한데, 이 유전자를 물려받은 자녀에게 문제가 나타난다.

자외선을 받으면 세포의 DNA가 변형된다. 정상적인 상태라면 특정한 효소가 만들어져서 변형된 유전자를 잘라내고 안정시킨다. 그런데 색소성 건피증은 그 효소의 결핍으로 변형된 유전자를 잘라내지 못한다. 그 결과 멜라닌 세포가 손상되어 자외선으로부터 피부를 보호하지 못한다. 피부가 과민해져서 몇 분만 햇빛에 노출되어도 진피층의 손상으로 화상을 입고 물집이 생긴다. 어릴 때부터 주근깨나 기미가 많이 보이고, 피부 노화가 빠를 뿐 아니라 돌연변이 DNA에 의해 피부암이 생기기도 한다. 눈동자도 햇빛에 민감해서 실명되거나, 어린 나이에 뇌 손상을 입어 일찍 사망할 수도 있다.

색소성 건피증은 미국에서도 100만 명에 한 명꼴로 나타나는 희귀병으로, 현재 특별한 치료법은 없다. 예방법으로는 자외선 차단제를 바르거나 햇빛을 피하는 것이 전부다. 햇빛을 받지 못해서 비타민 D가 모자랄 수 있으므로 뼈 성장을 위해 섭취하면 좋다. 근본적인 치료는 불가능하며, 피부암이 생기면 치료를 하는 등 병에 따른 문제가 나타났을 때에야 비로소 처치하는 수동적인 대응밖에 할 수 없다. 하루 빨리 적극적으로 치료법을 찾아내어 색소성 건피증을 앓는 사람도 보통 사람들처럼 낮에 맘껏 활동할 수 있기를 바랄 뿐이다.

문신은 의사가
해야 하는 걸까?

◆

〈문신을 한 신부님〉

타투tatto는 아주 오래된 문화로, 태평양의 섬나라인 사모아 말인데 그대로 영어권에서 사용하고 있다. 과거에는 집단 의식행위로 타투를 하거나 상대방에게 겁을 주기 위해 다소 제한적으로 사용했다. 우리나라에서는 주로 조직폭력배가 몸에 새겼기 때문에 인식이 좋지 않았지만, 요즘은 개성의 표현으로 타투를 하는 경우가 많다. 온몸에 하는 경우도 있고, 팔뚝이나 배 등 신체 일부분에 자그맣게 그려 넣기도 한다. 심지어 눈 흰자위에 문신을 새길 만큼 타투를 좋아하는 사람이 늘었다. 그러면서 타투에 대한 인식도 많이 달라졌다.

〈문신을 한 신부님〉(2019)은 문신을 소재로 한 영화다. 다니엘은 소년원 출신이라는 딱지가 붙어서 신학교에 갈 수 없으니 신부가 되고 싶어도 될 수가 없다. 소년원에서 출소한 후 존경하는 신부의 도움으로 어느 마을의 목공소에 일자리를 얻게 된다. 마을에 들어서다가 성당의 종 소리를 듣고는 자기도 모르게 성당으로 발걸음을 돌린다. 소년원에서 훔쳐온 신부복으로 인해 다니엘을 진짜 신부로 착각한 주

타투 머신.

임신부는 그에게 성당 업무를 맡기고 알코올 의존증으로 망가진 몸을 치료하기 위해 떠나버린다. 다니엘은 얼떨결에 신부 역할을 맡게 되고, 인터넷을 뒤져가며 미사 순서를 익히는 등 마을 사람들과 친해지려고 애쓴다. 하지만 소년원 친구의 고자질로 다니엘의 정체가 드러난다. 다니엘은 마지막으로 미사를 집전하다가 신부복으로 가렸던 타투를 보여주며 자신이 신부가 아님을 고백하고는 다시 소년원으로 돌아간다.

타투가 사람들에게 공포감을 주고 기피 대상으로 인식되는 것은 우리나라나 외국이나 별반 다르지 않은 것 같다. 오래전에는 죄수나 노예의 표식으로, 해적이나 폭력배끼리 같은 패거리임을 알려주기 위해 문신을 그려 넣었기 때문이다.

타투는 바늘이나 가는 칼로 피부를 긁고 표피 아래에 있는 진피층에 잉크를 집어넣어 그림이나 글씨 등의 무늬를 새긴다. 아무것도 없는 표피와 달리 진피에는 혈관과 신경이 분포하고, 털의 뿌리인 모근이 자리 잡고 있으며, 땀샘이나 기름샘 등이 있는 공간이다. 타투를 그릴 때 잉크가 표피에 들어가면 색이 정착되지 않으므로 진피층에 넣어야 한다. 요즘은 바늘과 잉크를 장착한 안전한 기구를 사용하지만 간혹 문제가 생기는 경우가 있다. 진피층은 쉽게 감염되기 때문이다. 외부 세균이 표피를 뚫고 진피로 들어가면 혈관을 통해 백혈구나

면역계의 작용으로 막을 수는 있다. 하지만 그 방어선이 뚫리면 주변에 심한 염증을 일으키고, 붓거나 빨개지기도 하고, 고름이 차기도 한다. 심하면 세균이 진피에 있는 혈관을 타고 온몸으로 퍼질 수도 있는데, 이때 인체에 큰 손상을 일으키거나 패혈증이라는 전신 감염으로 진행되기도 한다.

타투를 없앨 수도 있다. 타투를 지울 때는 피부를 긁어내거나 레이저를 사용해서 태운다. 이것도 결국 진피층을 부수는 일이기 때문에 흉이 남을 수밖에 없고, 이때도 감염 위험은 있다.

그래서 과거에는 의료법을 적용하여 타투를 제약하는 나라가 많았다. 그렇다면 타투는 의료 행위일까? 사실 타투는 미용을 목적으로 하는 경우가 많아서 예술적인 감각이 필요하다. 하지만 우리나라에서 타투 활동은 의사 면허 소지자만 할 수 있는데, 의사 중에 타투를 시술해주는 사람이 있기나 한지 궁금하다. 위생이나 감염의 문제는 의료법이 아니어도 얼마든지 관리할 수 있을 텐데 이해하기 어렵다. 얼마 전에 일본도 의료법을 개정하면서, 의료법으로 타투 활동을 제약하는 곳은 전 세계에서 우리나라밖에 없다. 이제 우리나라도 타투에 의료법을 적용할지 현실에 맞게 고려해봐야 할 때라고 생각한다.

성형은
어디까지 괜찮을까?

◆

〈아웃 핏〉, 〈아메리칸 메리〉

성형외과라면 흔히 미용 목적의 수술을 떠올리지만, 원래는 외상으로 외모가 손상됐거나 선천성 기형 등을 치료하기 위한 분야다. 이를 재건 성형수술이라고 한다. 영어로 Plastic surgery라고 하는데, 플라스틱plastic은 원래 그리스어 plasticos에서 유래한 것으로 무슨 형태든 원하는 모습으로 만들어낸다는 뜻이다. 석유나 석탄에서 원료를 추출해서 만드는 합성수지인 플라스틱의 어원이기도 하다. 19세기 중반에 최초로 성형수술이라는 표현을 썼다고 한다.

기원전 6세기경 인도에 가장 오래된 성형외과 수술에 대한 기록이 있다. 전쟁 포로나 죄인은 코를 절단하는 형벌이 있었는데, 이마 피부를 이용해 코 재건 수술을 시행한 것이 시초라고 한다. 이 방식을 인도식 성형술Indian method이라고 부르며 코 수술에는 아직도 이 기술이 사용된다. 중국에서는 2~3세기 때 구순열을 교정하기 위해 수술했다는 기록을 찾아볼 수 있다. 15세기 이탈리아 시칠리아에서 입술이나 귀 등 재건술에 능력을 보였던 안토니오 브랑카는 팔의 피부를 이용하여 코를 재건했는데, 이탈리아식 성형술Italian method이라고 부르는 이 방법은 근대 성형의 시초가 되었다. 그 후 18~19세기를 거치면서 식피술(피부 이식술)이 발달했다. 피부 이식술은 외상, 화상, 암 수술 부위 등 손상된 피부를 보완하는 치료 기법이다. 표피만 이용하는 것과 진피까지 이용하는 이식 방법이 있다.

현대적 의미의 성형외과학은 1차대전을 거치면서 자리 잡았다. 영국의 외과의들이 전쟁터에서 신체의 일부를 잃거나 불구가 된 병사들의 신체 재건에 심혈을 기울이면서 성형외과의 체계가 잡히기 시작했다. 그 후 2차대전, 한국전쟁, 월남전쟁, 중동전쟁을 거치면서 성형외과학이 더욱 발전했다고 평가하는 것을 보면, 전쟁과 성형외과는 밀접한 관계가 있다고 볼 수 있다.

〈아웃 핏〉(2022)은 1950년대를 배경으로 하는 영화로, 뛰어난 실

가스파레 타글리아코치(Gaspare Tagliacozzi).
팔뚝의 피부를 코에 붙여서 자라게끔 하는 이탈리아식 성형술. 피부를 떼어다가 붙이면 피부가 죽어버리곤 해서 이런 방법을 취했다고 한다. 인도식 성형술보다 발달한 수술법이다.

력을 지닌 영국인 재단사가 악명 높은 마피아가 머무는 시카고 한 지역에서 양복점을 운영하며 위험한 생존 게임을 벌이는 이야기이다. 어느 늦은 밤, 지역을 장악한 마피아 보스의 아들이 라이벌 갱스터에게 총을 맞은 채 양복점 문을 두드린다. 그의 부하는 재단사에게 총을 겨누며 상처를 꿰매라고 지시한다. 가지고 있는 거라고는 재봉용 바늘과 옷을 누빌 때 쓰는 실뿐이지만, 어쩔 수 없이 봉합해준다. 피부나 장기 수술용 바늘은 옷을 꿰맬 때 사용하는 바늘처럼 곧은 형태가 아니라 둥그렇게 구부러져서 절개 부위를 잘 잇게끔 되어 있다. 수술용 실은 봉합사라고 하는데, 피부에 사용한 것은 나중에 제거해야 하고, 신체 내부의 장기를 봉합한 실은 일정 시간이 지나면 녹게끔 되어 있다. 봉합사는 인체에 부착해야 하므로 이물질로 인식되어서 부작용을 일으키면 안 된다.

옛날에는 감염이나 조직 적합성에 대한 개념이 없었기 때문에 상처나 잘린 장기를 봉합할 때 손상 부위를 묶어서 잇는 식이었다. 로마가 동서로 나뉜 5세기 즈음에는 실이나 동물의 힘줄을 사용했고, 조금 지나서는 말총을 많이 사용했으며, 큰 상처에는 가느다란 금속을 사용했다고 한다. 15세기 유럽에 중국의 실크(비단)가 유입되면서 봉합에 이용했고, 18세기쯤에는 고양이 창자를 말려서 실을 가늘게 뽑아 쓰기도 했다. 아직도 실크와 고양이 창자로 만든 실은 수술실에서 이용되고 있으며, 이름도 '캣것Cat-gut'이라고 한다. 근래에는 합성섬유나 나일론을 많이 쓰고 있다.

영화 〈아메리칸 메리〉(2012)는 가난한 의대생이 우연히 용돈벌이로 수술을 했다가 기괴한 성형 수술의 세계에 빠져드는 스릴러물이다. 돈을 벌어야 하는 메리는 스트립클럽에 면접을 보러갔는데, 클럽 사장은 그녀가 의대생임을 알고 큰돈을 주겠다며 불법적인 수술을 부탁한다. 그 후로 특별한 수술을 원하는 고객들이 메리에게 음지에서 연락해오고, 큰돈을 받고 원하는 대로 수술을 해준다.

영화에 나오는 고객과 마찬가지로, 수십 번 넘는 성형수술로 전혀 다른 모습으로 바뀌었는데도 만족할 줄 모르는 사람이 있다. 흔히 말하는 성형중독 증상이다. 정신의학에서는 성형중독을 강박장애의 일종으로 본다. 외모가 마음에 안 든다며 지나치게 수술을 받으려고 하는 신체변형장애, 필요 이상으로 물건이나 동물을 모으려고 하는 수집광, 발모광(털뽑기장애)이나 피부뜯기장애 등을 '강박 및 관련 장애'로 한데 묶는데, 성형중독은 신체변형장애에 해당한다. 정상적인 외모를 가졌지만 자신의 얼굴이 못생겼다고 생각하거나, 신체의 일부분이 잘못됐다고 여기기 때문에 계속 거울을 들여다본다든지, 결함으로 보이는 부분을 가리려고 한다든지, 남들에게 놀림을 당할까 봐 외출을 피하기도 하고, 심지어는 비관하여 자살을 시도하기도 한다. 우울증, 불안, 불면 등의 증상이 동반되곤 한다.

결국 이런 문제를 가진 사람들은 불필요한 성형수술을 계속해서 받는다. 한국에는 통계가 없지만, 미국의 통계를 보면 전 인구의 2.4퍼센트가 신체변형장애를 가지고 있다고 한다. 피부과 환자 중에는 9~15퍼센트, 성형외과 환자는 8퍼센트로 나타났다. 정신과에서는 신체변형장애를 치료할 때 환자가 자신의 외모를 왜 그렇게 생각하는

지 과거의 경험과 현재의 감정을 바탕으로 분석하고, 환자 스스로 문제를 인지하도록 돕는다. 여기에는 우울증 치료에 사용하는 SSRI(선택적 세로토닌 재흡수 억제제)가 효과가 좋다.

미국의 노스웨스턴 대학교 심리학과 교수 러네이 엥겔른은 여성의 외모 강박을 조장하는 미디어에 문제가 있다고 강하게 비판하며, 문화가 바뀌어야 한다고 강조한다. "치마가 잘 맞는지, 머리 스타일이 괜찮은지 걱정하느라 산만해지면 회의실을 장악할 수 없다. 체중이 몇 킬로그램 늘었다고 해서 스스로 가치 없다고 느낀다면 권력구조에 도전할 수 없다. 못생기고 존재감이 없다는 느낌에 내면이 무너진다면 무엇이 옳은지 옹호하기가 쉽지 않다. 외모 강박에 시달릴 때 우리의 배터리는 방전 상태가 된다. (⋯) 우리는 거울 앞에서 너무 많은 시간을 보냈다. 이제는 한 발짝 물러설 필요가 있다." 어떤 모습을 택하든 개인의 자유겠지만, 기능상에 문제가 없거나 장애가 아니라면 있는 그대로의 모습을 사랑하는 것이 더 건강하고 아름답지 않을까?

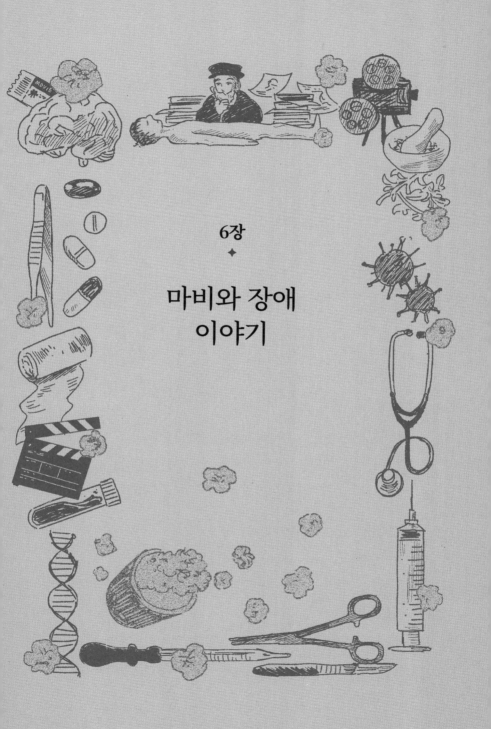

6장
✦

마비와 장애
이야기

청각장애는
유전일까?

◆

〈나는 보리〉

소리는 공기와 같은 전달 매질을 통해 음파 형태로 전달되면서 여러 물리적 상황에 따라 다르게 인식된다. 그래서 우주 공간이나 공기가 없는 달에서는 소리를 들을 수 없다. 소리의 높낮이는 1초 동안의 진동수로 나타내는 헤르츠Hertz로, 파동의 진폭으로 생기는 소리의 세기는 데시벨dB로 표시한다. 음색은 소리의 높이와 세기가 같아도 소리의 차이를 만드는 것으로, 목소리를 듣고 누구인지 파악하게 되는 것도 음색이 다르기 때문이다.

보이는 세계와 보이지 않을 만큼 미세한 세계가 있는 것처럼, 소리도 인간이 들을 수 있는 가청 음역과 들을 수 없는 초저주파 음역, 초음파 음역 같은 불청 음역으로 나뉜다. 사람이 들을 수 있는 가청 주파수는 20~20,000헤르츠로, 보통 대화 음역은 500~2,000헤르츠다. 20헤르츠 이하는 초저주파 음역으로 코끼리 같은 일부 동물들만 들을 수 있고, 20,000헤르츠 이상은 초음파 음역이다. 특히 박쥐나 돌고래는 초음파를 이용해서 물체를 식별하고 서로 소통한다고 알려져 있다. 사람은 초음파를 느끼지 못하지만, 보안 장치나 의료 진단 기술에 널리 사용된다.

공기나 매질을 통해 귀 안으로 들어온 소리는 복잡한 경로를 지나 뇌로 전달된다. 귀는 귓바퀴로부터 바깥귀, 고막 안쪽의 공간인 가운데귀, 소리를 증폭하는 달팽이관과 평형감각을 담당하는 반고리관이 있는 속귀로 되어 있다. 파동 형태의 소리는 바깥귀와 고막, 가운데귀의 귓속뼈(이소골)를 거치며, 진동하면서 점차 증폭되어 달팽이관에 도달한다. 달팽이관에 차 있는 림프액의 진동으로 털이 달린 유모세포를 자극한다. 이는 다시 전기신호로 바뀌어 청신경에 전달되고, 대뇌에서 소리의 세기, 높이, 음색을 판단한다. 이 과정에서 어느 한 곳이 고장나면 소리를 들을 수 없다.

바깥귀의 선천성 이상이라면 수술로 길을 만들어주면 되고, 중이염이나 고막의 외상으로 들을 수 없을 때도 치료하면 회복된다. 가장 큰 문제는 달팽이관이 있는 속귀나 청신경에 이상이 있는 경우다. 변이가 일어난 유전자를 부모에게서 물려받아 생기는 내이형성부전증, 발생 시기에 염색체 이상으로 생기는 다운증후군 등은 달팽이관이 있는 속귀의 문제로 치료하기 힘든 선천성 난청이 생긴다. 선천성 난청은 태아가 미생물이나 기생충에 감염될 때 더 많이 발병한다. 산모가 거대세포바이러스나 홍역, 볼거리, 풍진, 매독, 원충류 기생충인 톡소플라즈마에 감염되면 태아의 속귀에 염증을 일으키기 때문이다. 소아 시기에 두 번에 걸쳐 예방접종을 하는 MMR은 홍역Measles, 볼거리Mumps, 풍진Rubella의 영문 약자다. 태어난 이후라면 MMR 백신으로 예방할 수 있지만, 산모의 배 속에서 관련 바이러스에 노출되면 난청이 될 수 있기에 감염되지 않도록 주의가 필요하다. 볼거리 바이러스는 태아에게 일측성, 즉 한쪽 귀의 난청을 발생시킨다. 하지만 홍역이나 풍진은 양측성 난청을 유발할 수 있다. 그중에서도 풍진은 기형아 출생 확률이 높아서 예비 산모들은 미리 예방접종을 해야 한다.

태아기 감염 이외의 원인으로 산모의 약물 중독, 특히 알코올 섭취는 기형과 함께 난청을 일으킬 수 있다. 미숙아로 태어나거나 출산 도중에 생기는 저산소증도 선천성 난청의 원인이 된다. 후천성 난청의 원인에는 머리 외상이나 약물 중독과 돌발성 난청이 있고, 뇌막염이나 대상포진, 홍역·볼거리·풍진, 중이염과 같은 감염병이 있다. 최근 건강보험심사평가원의 통계에 따르면, 우리나라의 경우 여러 종류의 난청으로 병원을 찾는 환자가 점차 늘어서 2020년에는 41만 명 정도라고 한다. 고령인구가 늘어서이기도 하지만, 작업장이나 교통 시설에서 발생하는 소음이 크고, 전화 통화나 음악을 들을 때 리시버나 헤드셋을 많이 사용하기 때문이기도 하다.

미국영유아청각협회에서는 '1-3-6 원칙'이라고 해서, 생후 1개월 이내의 신생아들은 모두 청각 선별검사를 받고, 이상이 있으면 3개월 내로 청력 정밀검사를 시행하며, 난청이 확진되면 6개월 내로 보청기나 청각 재활 치료를 시작한다. 빠른 진단과 신속한 치료가 중요하다는 말이다. 하지만 우리나라에서는 청각 선별검사를 하지 않아서, 부모가 영아기의 아기가 잘 듣는지 못 듣는지 판단하기가 쉽지 않다. 선천성 난청은 한국에서 750명 중에 한 명꼴이니 상당히 많은 편이다.

불행하게도 대부분은 나중에야 발견해서 재활의 기회를 놓치고 만다. 아기에게 딸랑이나 소리 자극을 주었을 때 반응하는지 눈여겨보면 도움이 된다.

여러 이유로 귀에 이상이 생겨 소리를 듣지 못하는 사람을 가리켜 한자로 '귀먹을 롱' 자를 써서 농인聾人 또는 농아인聾啞人이라고 부르고, 정상적으로 들리는 사람은 청인聽人이라고 한다. 선천성 농인은 한 번도 소리를 들어본 적이 없어서 말을 배우기 어렵고, 자연스레 언어 장애가 생긴다. 헬렌 켈러는 두 돌이 안 되었을 때 후천적으로 시각과 청각을 모두 잃었지만, 설리번 선생의 힘으로 말하기를 익혔다. 보통의 농인들에게는 힘든 과정이다. 농인들은 수어手語를 배워 소통한다. 수화手話라는 말을 쓰지 않는 이유는 단순한 대화 수단이라기보다 정식 언어이기 때문이다.

어느 날, 내가 진료하는 동네병원에 10살쯤 되어 보이는 여자아이가 아버지와 함께 진료실로 들어왔다. 어디가 불편해서 왔느냐고 물으니 의자에 앉은 아버지가 아이의 얼굴을 쳐다보았다. 아이는 바쁘게 손을 움직이며 신호를 보냈고, 아버지 역시 손 신호를 보냈다. 수어였다. 아버지와 잠시 손 대화를 주고받은 후 아이는 이러저러하게 아파서 왔다고 나한테 전해주었다. 어른도 배우기 힘든 수어를 능수능란하게 해내는 아이가 참으로 기특했다. 진찰을 잠시 미루고 어떻게 수어를 배웠는지 물었다. 아주 꼬마 때부터 조금씩 배웠고, 수어 책으로 익히기도 했단다. 아버지를 진찰하면서 좀 더 세심하게 증상을 물었다. 역시 아이는 아버지와 수어를 나눈 다음 나에게 얘기해준다. 진료를 마치고 아이한테 대견하다며 칭찬해줬던 기억이 문득 떠오른다.

내가 만난 아이와 같은 주인공이 등장하는 영화가 있다. 〈나는 보리〉(2018)는 대사가 적고 아주 고요해서 눈을 감고 있으면 몇 분 동안은 영상이 흐르는지도 모를 정도다. 엄마, 아빠, 남동생 모두 청력장애를 가지고 있는데, 자신만 듣고 말할 수 있어서 오히려 슬프고 외로운 11살 보리의 이야기다. 보리는 가족끼리 수어로 대화하며 즐거워할 때면 소외되는 느낌이 든다. 차라리 자신의 귀가 멀어서 가족과 같아지기를 바란다. 어느 날 바다에 빠지는 사고 후 보리는 안 들리는 척 거짓말을 하기도 한다. 보리의 소원은 가족들처럼 소리를 잃는 것이다. 아빠와 남동생은 선천성이고, 엄마는 어릴 때 심하게 열병을 앓은 후 청력을 잃었다고 하는 것으로 보아 홍역을 앓았던 게 아닌가 싶다.

이 영화에서 독특한 점은 수어 자막인데, 완전한 문장이 아니라 간단한 단어 중심으로 표현했다. 아빠가 "보리야, 내일 할아버지 댁에 가니?"라고 수어로 묻는 장면에서 자막에는 〈보리〉, 〈내일〉, 〈할아버지〉, 〈가?〉라고 뜬다. 수어에서 조사나 어미는 군더더기일 뿐이고 필

영화 〈나는 보리〉의 장면. 가족 중에 혼자만 청각이 온전해서 슬픈 11살 보리의 이야기를 담았다.

인공와우 이식.

요한 상황에만 약간 적용한다. 실제로 수어의 표현 방식이 이렇다.

영화에서 정밀 청력 검사를 받는 장면이 나오는데, 조용한 방에 들어가서 귀를 완전히 막는 헤드셋을 쓰고 음파를 흘려보낸다. 저주파에서 고주파까지 들려주며 어느 음역을 듣는 데 이상이 있는지 파악해야 문제점을 감별할 수 있다. 인공 와우 이식술에 대한 이야기도 나온다. 이는 소리 진동을 뇌로 전달하는 달팽이관을 인공으로 만들어 끼우는 첨단 의학 기술이다. 인공 와우는 유모세포처럼 소리의 진동을 전기신호로 바꿔준다. 건강보험 적용도 받을 수 있다. 반면 보청기는 소리를 증폭시켜서 전달하기 때문에 속귀의 달팽이관이나 청신경이 어느 정도 살아 있어야 사용할 수 있다.

눈이 멀면
세상도 변할까?

◆

〈두 개의 빛: 릴루미노〉

눈이라는 창을 통해 바깥세상을 보고 신호를 뇌로 전달하면, 대뇌에서는 정보를 취합해 사물의 형상을 인식한다. 뇌는 보고 있는 것이 무엇인지, 위험한 것인지, 과거에 봤던 것인지 등 과거의 기억을 되살려 판단하거나 새로운 기억을 만들어 저장한다. 외부 세계의 신호를 눈을 통해 뇌로 전달하여 인식하는 것이므로 '본다는 것'은 결국 뇌에서 일어나는 현상이다. 그러므로 눈과 뇌의 전달 과정 혹은 대뇌에 이상이 생기면 시력에 장애가 온다.

눈의 각막에는 혈관이 없어서 눈물을 통해서만 산소를 공급받을 수 있다. 또한 조직이 재생되지 않기 때문에 다치거나 혼탁해지면 회복이 힘들다. 고혈압이나 당뇨를 조절하지 않으면 망막 혈관이 상해서 시각장애가 온다. 그리고 시신경이 지나가는 길에 있는 뇌하수체에 종양이 생겨 시신경을 누르거나, 대뇌에 외상을 입거나, 뇌졸중으로 시각중추에 문제가 생기는 경우에도 시력에 문제를 일으킬 수 있다. 시신경 신호가 모이는 뒤통수의 대뇌피질은 시각을 총괄하는 중추로, 눈에서 시각중추까지 시각 정보가 전달되는 동안 뇌 어디에든 손상을 입으면 심각한 시각장애를 일으킬 수 있다. 다행히 시력에 문제를 일으키는 증상은 대부분 예방과 치료가 가능하다.

가장 흔한 안과 질환으로는 녹내장과 백내장이 있다. 녹내장은 주로 안압이 높아져 시신경 손상으로 실명에까지 이르는 눈 질환이다. 방수房水가 배출되는 통로가 막혀서 안압이 높아지는 경우에 주로 생기는데, 최근에는 안압이 정상인데도 흔하게 발견된다. 오래전부터 써오던 녹내장이란 단어는 사실 잘못된 말인 것 같다. 한의학에서 눈 안쪽의 장애란 뜻으로 내장內障, 눈곱 등 눈 밖에 병이 생기면 외장外障이란 표현을 쓴다. 이를 차용해서 녹내장이라는 안과용어를 만든 듯하다. 이렇듯 눈동자가 녹색을 띤다고 해서 녹내장綠內障, glaucoma이라고 부르는데, 이 질환으로 녹색을 띠지는 않는다. 영어 표현은 고대 그리스어인 '글라우코스glaukos'에서 유래했는데, 아주 간혹 안압이 높은 병적인 상태에서 녹색으로 보이는 경우가 있어서 이런 이름이 붙여졌다고 한다. 녹내장을 갈레노스는 수정체가 단단해지는 눈병이라고 했고, 아랍에서는 가벼운 홍채(안압이 높아져 동공이 확장되니 홍채가 가벼워 보일 수 있다)라는 뜻의 '자르카zarqaa'라고 불렸으며, 이븐 시나는 수정체가 돌출되는 질환으로 설명했다.

한편 백내장白內障, cataract은 라틴어로 폭포라는 뜻의 'cataracta(카타락타)'에서 유래했는데, 폭포가 수면에 떨어지면 뿌옇고 하얗게 보이는 것처럼 눈이 하얘진다는 뜻이다. 백내장은 수정체 혼탁으로 생기며, 실제로 하얗게 보인다.

사람의 오감 중에 가장 큰 비중을 차지하는 것이 바로 시각이므로 관련된 영화들이 많다. 영화 〈두 개의 빛: 릴루미노〉(2017)에서 시각을 잃어가는 남자 주인공 인수는 RP 장애가 있다. RP는 망막색소변성증retinitis pigmentosa의 약자로 '망막retina의 염증'과 '색소pigmentation'가 합쳐진 의학 용어다. 인수는 20대 중반에 시력을 잃기 시작하여 점점 더 시력이 나빠지는 중인데, 지금은 시야가 좁아지기는 했어도 똑바로 걸을 수는 있다.

망막색소변성증의 원인은 아직 명확히 밝혀지지 않았지만, 눈으로 들어온 빛의 신호를 받아들이는 망막에 색소가 쌓이는 유전질환이다. 망막에 색소가 침착되지 않도록 하는 유전자가 제대로 작동하지 않는 것이다. 부모로부터 관련 유전자를 물려받기도 하고, 후천적인 유전자 변이로 생기기도 한다. 영화 제목의 릴루미노는 라틴어로 '다시 밝게 한다'는 뜻인데, 저시력 장애인을 위한 VR 시각 보조 앱 이름이기도 하다. VR 기기에 모바일을 연결해서 릴루미노 앱을 실행하면 모바일의 후면 카메라를 통해 세상을 좀 더 선명하게 볼 수 있고, 영화에도 등장한다.

영화에는 시각장애인을 대할 때의 에티켓이 나온다. 시각장애인은 소리가 아니면 상대를 인식할 수 없으므로, 가까이 다가왔을 때 먼저 인사를 건네는 게 좋다. 갑자기 몸을 건드리면 놀랄 수 있으니 주의한다. 길을 함께 걸을 때는 지팡이를 쥔 손의 반대쪽에 서서 안내자의 팔꿈치 윗부분을 잡게 하고 반보 앞에서 걸으며 안내한다. 계단을 오르내릴 때는 한 걸음 앞에서 잠깐 멈춘 다음, 올라가는 또는 내려가는 계단이라고 말해주고 계단 난간을 잡게 해준다. 의자에 앉힐 때는 몸을 돌려서 앉히려 하지 말고, 한 손은 의자에, 한 손은 테이블에 닿게끔 하여 스스로 앉게 한다. 식사를 할 때는 음식의 위치를 시계방향이나 전후좌우 등으로 설명하고, 시각장애인이 수저로 그릇 위치를 직접 확인할 수 있게 도와준다. 버스정류장에서는, 버스가 도착하면 출입문에 시각장애인의 손을 대주고 승차할 수 있게 한다. 택시를 탈 때는 한 손은 차체에, 다른 한 손은 차 문에 닿게 해준다. 더불어 살아가는 사회인 만큼 평소에 최소한의 에티켓 정도는 알아두었다가 필요한 상황에 제대로 도움을 주면 좋겠다.

류머티즘 관절염은
왜 불치병일까?

◆

〈내 사랑〉

인류를 끊임없이 괴롭힌 질병에는 여러 가지가 있는데, 그중 하나가 관절염이다. 개, 고양이 같은 반려동물이나 소, 말 같은 가축은 물론 들짐승까지 사지를 가진 동물이라면 모두 겪는 병이기도 하다. 관절은 인체가 움직일 수 있도록 뼈와 뼈를 연결하는 곳인데, 그중에서도 나이가 들어 닳아서 생기는 퇴행성 관절염과 서서히 염증이 심해지면서 관절이 망가지는 자가면역질환인 류머티즘 관절염이 대표적이다.

영화 〈내 사랑〉(2016)은 실존 인물인 화가 모드 루이스(1903~1970)의 일생을 담은 영화다. 그는 캐나다의 나이브Naive 화가로 유명하다. 모드는 태어날 때부터 장애가 있었고, 류머티즘 관절염으로 걷거나 손으로 물건을 쥐는 것조차 힘들지만 그림 그리기를 좋아한다.

모드는 부모가 모두 사망한 후 숙모 집에 얹혀 살다가 생선과 장작을 팔아 생계를 유지하는 에버렛 루이스 집 가정부로 들어간다. 처음에 에버릿은 따귀까지 때리면서 온갖 심한 말을 내뱉으며 쫓아내려

캐나다의 나이브 화가 모드 루이스의 집안 모습.

고 한다. 하지만 갈 곳이 없는 모드는 아랑곳하지 않고 버티며 틈나는 대로 집안의 창이나 벽에 꽃과 나무를 그리기 시작한다. 결국 생선이 배달되지 않았다며 에버렛의 집으로 직접 찾아온 산드라가 모드의 그림을 사가면서 입소문이 나기 시작한다. 한편 모드와 에베렛은 서로에게 서서히 익숙해지면서 소박한 결혼식을 올리고 부부가 된다.

모드의 그림으로 가득한 오두막집은 점점 유명해지고, 미국의 닉슨 대통령이 그림을 주문하는 등 국제 미술행사에 초대를 받기도 한다. 모드의 그림은 동심을 불러올 만큼 밝고 화사해서 보고 있으면 잔잔한 행복이 느껴진다. 특히 모드 루이스 역을 맡은 샐리 호킨스와 에버렛 루이스 역의 에단 호크의 섬세한 연기가 일품이다.

류머티즘 관절염은 오래도록 원인이 알려지지 않았다. 기원전

1500년경 이집트의 파피루스에도 기록이 있고 미라에서 병변을 발견하기도 했지만, 통증과 부기가 심한 관절염이라고만 여겼다. 갈레노스는 이를 류마티스무스Rheumatismus라고 불렀는데, 그리스어로 류마 Rheuma, Rheumatos란 흐르는 물 또는 액체란 뜻이다. 관절에 체액이 가득 차서 심하게 붓기 때문이었다. 얼마전까지만 해도 류머티즘 관절염뿐만 아니라 B군 사슬알균(연쇄상구균) 감염 후에 열을 동반해서 나타나며 심장 판막에 염증을 일으켜 심각한 판막 손상을 일으키는 급성 류머티즘성 열, 통풍, 루푸스 질환, 쇼그렌증후군, 베체트병, 윤활주머니염(활액낭염), 퇴행성 관절염 등을 뭉뚱그려 류머티즘이라고 불렀다. 오래도록 원인과 병리를 알지 못했기 때문에 비슷한 증상을 가진 질환을 전부 망라했던 것이다.

이후 병리학이 발달하면서, 1800년대에 들어 류머티즘 관절염은 독립적인 질환명이 되었다. 다른 관절염과 달리 통증이 심하고 점점 나빠져 만성화된다. 관절뿐만 아니라 팔꿈치나 손가락 피부에 결절을 만들기도 하고, 혈관에 영향을 줘서 심근경색이나 뇌졸중을 일으키기도 한다. 폐섬유화가 진행되어 호흡부전을 일으키기도 하고, 철결핍성 빈혈도 만든다. 한마디로 몸 전체에 영향을 미치지 않는 곳이 없다.

최근에야 류머티즘이 자가면역질환이라는 것이 밝혀졌다. 관절뿐만 아니라 여기저기에 염증을 만들어내고, 통증과 합병증을 일으킨다. 병이 진행될수록 손가락이 굽고 마디가 굵어진다. 네덜란드의 화가 페테르 파울 루벤스(1577~1640)도 이 병으로 고생했으며, 프랑스의 국보급 화가 오귀스트 르누아르(1841~1919)는 류머티즘 관절염으로 오래 힘들어했다. 붓을 쥐는 것도 힘들어지자 손에 묶어서 그림을 그렸다고 한다.

　관절 손상으로 인해 무릎이나 손가락 마디가 아픈 증상은 같아도 류머티즘 관절염과 퇴행성 관절염은 전혀 다르다. 퇴행성 관절염은 나이가 들면서 관절이 닳아 생기며, 적절한 진통제나 인공관절 치환술로 어느 정도 치료할 수 있다. 그러나 류머티즘 관절염은 염증이 계속 진행되기 때문에 점점 더 나빠지며, 웬만한 진통제로는 해결되지 않는다. 치료제로는 항암제로 쓰던 메토트렉세이트Methotrexate, 말라리아 치료약인 클로로퀸Hydroxychloroquine 등이나 백금을 사용하기도 한다. 근본적인 치료보다는 병의 진행을 더디게 하고 염증을 줄이는 것이 목적이다.

외모 기형은
왜 장애가 아닐까?

〈노틀담의 꼽추〉, 〈원더〉

2019년 4월 15일, 노트르담 대성당의 목조 첨탑이 불에 타 소실되는 장면이 전 세계로 중계되었다. 프랑스인들은 그 앞에서 눈물을 흘리며 기도를 올렸고, 우리나라 사람들은 국보인 숭례문이 불타던 기억을 떠올리며 그들의 상실감을 위로했다. 노르트담 대성당이라면 뮤지컬과 함께 빅토르 위고의 소설 《노트르담 드 파리》를 영화화한 〈노틀담의 꼽추〉(1956, 1982)가 떠오르는데, 여전히 다양하게 리메이크될 만큼 사랑받는 작품이다.

노트르담 성당의 나이 많은 부주교 프롤로는 한쪽 눈이 제대로 뜨이지 않는 흉측한 얼굴과 몸놀림이 어눌한 아기를 데려다 키우면서 콰지모도라는 이름을 붙여준다. 기독교에서 성스럽게 생각하는 부활절 다음 첫 일요일quasi modo sunday에 발견됐기 때문이다. 콰지모도는 복합적인 장애를 가지고 태어난 것으로 묘사되고, 제대로 뜨이지 않는 눈은 눈꺼풀처짐증(안검하수)이었을 것으로 보인다. 안검하수는 12개의 뇌신경 중에서 3번(눈돌림신경)에 여러 가지 원인으로 이상이

〈노틀담의 꼽추〉 포스터.

생기고, 윗눈꺼풀올림근이 작동하지 않아 눈꺼풀이 처지는 증상이다. 사시는 뇌신경 3번, 4번(도르래 신경), 6번(갓돌림 신경)의 이상으로 안구가 한쪽으로 몰리는 증상이다. 한편 다리를 절룩이면서 발이 안쪽으로 굽은 것으로 보아, 내반족인 것 같다. 정상의 경우에는 발이 앞을 향하고 발바닥 앞꿈치와 뒷꿈치가 모두 바닥에 붙는데, 내반족은 발이 안쪽으로 휘고 발바닥이 들리는 증상을 말한다. 한편 꼽추 또는 곱사등이라고 불리는 척주뒤굽이증Kyphosis(척주후만증)은 나이가 들어서 발병하면 강직성 척추염이나 척추 골절이 원인일 수 있다. 콰지모도처럼 태어날 때부터 척추가 제대로 발달하지 않는 경우도 많다. 척주뒤굽이증은 흉곽이 좁아져 폐나 심장을 압박해서 문제를 일으킨다.

영화 〈원더〉(2017)는 심한 얼굴 기형을 가진 소년 어기의 이야기다. 어기는 남과는 다른 외모를 가지고 태어났기에 크리스마스보다 분장으로 얼굴을 감출 수 있는 핼러윈을 더 좋아한다. 그는 줄곧 집에서만 지내는데, 밖에 나갈 때는 얼굴 전체를 가리는 우주인 헬멧을 쓰고 나간다. 어기의 엄마는 더 넓은 세상을 보여주고 싶은 마음에 아이를 일반 학교에 보낸다. 처음에 어기는 남들의 시선 때문에 상처받지만 점점 자신감을 회복하고, 주변 사람들도 하나둘씩 변하기 시작한다. 장애를 바꿀 수 없다면, 장애를 바라보는 시각을 바꿔야 한다는 메시지가 담겨 있다.

영화의 원작 소설에는 어기의 얼굴 기형이 희귀질환인 하악안면골형성부전증인 트리처콜린스증후군Treacher-Collins Syndrome, TCS 때문이라고 나온다. 트리처콜린스증후군을 앓으면 얼굴만 기형이 되고 지능과 생식 기능, 내부 장기의 기능은 정상이다. 많은 기형이 그렇듯 치료할 수 있는 방법은 없다. 대신 안면 기형으로 인한 눈과 귀, 입의 기능을 잡아주는 치료와 심하게 얽은 얼굴을 성형으로 교정하는 정도다. 어기는 수십 번의 성형수술을 받았지만 기형이 그다지 좋아지지 않고, 바깥귀도 기형이어서 이소증Microtia 소견을 보인다. 이소증이 심하면 청각을 잃을 수 있지만, 귀의 외형만 다를 뿐 소리를 전달하는 기능은 정상인 경우도 많다.

외모의 변형은 심하지만 기능은 정상이니까 일상생활에 큰 문제가 없다는 이유로 장애로 인정되지 않는다. 심한 화상으로 인한 장애도 우리나라에서는 장애 등급에 포함되지 않는다. 후유증에 따라 신체장애 또는 정신장애로 넣어버린다. 사지가 불편하거나 정신지체 혹은 발달지체 같은 경우에만 장애로 여기고 혜택을 제공하기 때문이다. 외모 기형은 장애로 인정받지 못하기에 병원비나 돌봄 혜택에서도 제외된다. 하지만 외형의 장애로 사회생활이 어려운 경우도 많기에 외모 기형도 장애로 인정할 필요가 있지 않을까.

전신마비는
어떻게 생길까?

◆

〈언터처블〉, 〈사랑에 대한 모든 것〉, 〈보살핌의 정석〉

신경은 도시에 깔린 전기선과 같다. 몸 여기저기에서 받아들이는 자극이나 여러 정보는 대뇌에서 종합하여 다시 각 신경계통으로 내려보낸다. 손으로 뜨거운 것을 만지면 아픔을 느끼고 얼른 떼거나, 자동차가 나를 덮칠 듯 달려오면 재빠르게 피하게끔 몸에 명령을 내리는 것이 한 예다. 이때 마비가 일어나면 몸을 움직이는 운동 근육이 내 의지대로 움직이지 못한다. 심장이나 폐는 자기 마음대로 되지 않는 불수의적 운동에 의해 움직이므로, 그 근육이 마비되면 생명이 위태로울 수도 있다.

코로나19 예방접종을 받았다면, 병원에서 예진표를 작성할 때 "길랭-바레증후군을 앓은 적이 있습니까?"라는 질문 항목을 접했을 것이다. 병명이 생소할 수도 있을 텐데, 프랑스의 두 의사의 이름을 따온 길랭-바레증후군은 얼굴이나 다리 부위처럼 한쪽에서 마비가 시작되어 점차 확산하는 양상을 보이는 독특한 질환이다. 운동 근육이 마비되고, 호흡곤란이나 얼굴신경 마비 증상을 겪기도 한다. 또한 교감신경과 부교감신경에도 문제가 생겨서 혈압이 오르거나 심장이 두근거리고 땀 조절이 안 되기도 한다. 원인은 아직도 명확하지 않다. 감기 비슷한 상기도 감염(코, 인두, 후두와 같은 목구멍 상부에 발생한 감염)을 앓거나, 예방접종을 받은 후에 또는 위장관 질환이나 수술 이후에 찾아오는 것으로 봐서는, 면역계 이상으로 인한 말초신경계의 손상이 원인이지 않을까 짐작할 뿐이다. 다행히 대부분은 몇 주 안에 회복된다.

오래 앉아 있거나 혹은 어떤 것에 눌렸던 다리가 저리면서 일시적으로 마비되었다가 곧 찌릿찌릿해지면서 회복된 경험이 있을 것이다. 팔로 머리를 오래 괴면 팔이 마비될 때가 있다. 혹은 팔다리에 캐스트를 했을 때 신경이 눌려서 예기치 않게 마비가 오는 경우도 있다. 대부분 일시적인 현상으로, 눌렸던 신경이 회복되면 원래의 운동 기능을 되찾는다. 이러한 경우는 일시적인 마비를 일으키는 것들이다.

대뇌에서 나가는 신경은 뇌신경 12쌍 외에도 척수 신경이 중요한 역할을 한다. 척수는 고속도로처럼 목부터 꼬리뼈까지 이어지고, 척수에서 목신경 13쌍, 가슴신경 12쌍, 허리신경 5쌍, 엉치신경 5쌍, 꼬리신경 1쌍이 팔과 다리로 빠져나온다. 이러한 신경이 어떤 이유로 심하게 손상을 입으면 영구히 마비되어 장애를 얻을 수도 있다. 그중에서 가장 많이 생기는 것이 척수 손상에 의한 마비다. 척수 신경이 손상되면 그 아래의 신경에 대뇌의 신호가 전달되지 않으므로 광범위한 기능 저하나 마비가 일어난다.

신경 줄기는 반대쪽으로 내려가기 때문에 사고나 뇌졸중으로 대뇌에 손상을 입으면 그 반대쪽 사지에 마비가 오지만, 척수 손상은 몸의 양쪽에 문제가 생긴다. 원인은 다양해서 추락이나 사고로 인한 척추 골절, 감염으로 척수에 생기는 염증, 루게릭병, 척수 종양, 흔히 디스크병으로 알려진 추간판탈출증 등이 있다. 목신경에 손상을 입으면 대뇌는 멀쩡해서 판단이나 인지 기능은 정상인데, 팔 다리 기능과 장기의 기능이 정지될 수 있다. 허리신경이 다치면 하반신에만 마비가 온다. 전신마비나 하반신 마비 모두 다리 운동은 물론 배변 활동이 어렵고, 방광에서 소변 배출이 안 되는 신경인성 방광 기능 문제가 생겨서 도뇨관(소변줄)을 사용해야 한다.

프랑스 영화 〈언터처블〉(2011)은 샴페인 회사의 사장인 필립 포조 디 보르고와 빈민촌 청년 애브넬의 실화를 바탕으로 한 이야기다. 전신마비로 얼굴을 제외하면 몸에는 감각조차 없고, 24시간 돌봐주는 손길이 없으면 아무것도 할 수 없는 백만장자 필립은 가진 것이라곤 건강한 몸뚱이 하나뿐인 무일푼 백수 드리스를 우연히 만난다. 필립은 자신의 장애를 아무렇지 않게 대하는 드리스에게 호기심을 느끼고 특별한 내기를 제안한다. 2주 동안 필립의 손발이 되어 자신을 잘 간호해낼 수 있는지 시험해보기로 한 것이다. 참을성 없는 드리스는 오기가 발동해 내기를 받아들이며 좌충우돌하는 상황이 벌어진다. 이 영화에서는 전신마비 환자를 목욕시키는 법, 용변 처리를 하는 법, 위급한 상황에 대처하는 법 등을 잘 보여준다.

사고로 인한 마비도 있지만, 마비를 일으키는 병도 있다. 프랑스의 유명한 신경과학자이자 정신의학과 의사인 샤르코 박사가 1869년 처음 기술한 근위축성 측색경화증Amyotrophic lateral sclerosis, ALS, 즉 루게릭병이 그것이다. 아직 원인이 밝혀지지 않았지만, 대뇌와 척수의 운동신경이 서서히 파괴되면서 처음에는 근육이 약해지고, 근력이 떨어지다가 사지뿐 아니라 언어까지 마비된다. 온몸의 근육이 점점 약해지면서 불수의근마저 약해지고, 대개는 호흡 부전으로 발병한 지 5년 안에 사망한다. 주로 백인 계통에서 많이 발병하고, 미국에서만 매년 5,000명 정도가 진단받는다. 1930년대 전후 미국 야구단 양키스의 전설로 불리던 선수 헨리 루이스 게릭(1903~1941)이 전성기 시절에 이 병을 앓았고, 발병한 지 2년 만에 사망하면서 널리 알려졌다. 대뇌 신경의 손상으로 치매가 일찍 올 수 있으나, 사지를 전혀 움직이지 못해도 인지적인 장애는 없는 경우가 있다.

아인슈타인과 함께 물리학계에서 중요한 위치를 차지했던 스티븐 호킹(1942~2018)도 옥스퍼드 대학교에서 공부하던 21살 때 루게릭병에 걸렸다. 2~3년의 시한부 인생을 선고받았지만 70세가 넘도록 살았고, 많은 저서와 놀라운 연구 업적을 남겼다. 영화 〈사랑에 대한 모든 것〉(2014)은 호킹의 일생을 다루고 있다. 신년파티에서 첫눈에 서로에게 빠져버린 스티븐과 제인. 사랑을 키워나가며 영원히 행복할 것 같았던 어느 날 두 사람에게 위기가 찾아온다. 시한부 2년을 선고받은 스티븐. 모든 걸 포기하려는 스티븐에게 제인은 기적 같은 사랑으로 그의 삶을 바꾼다.

대뇌의 문제로 인한 중추신경계 손상은 심각하고 영구적인 마비를 일으키곤 한다. 가장 대표적인 것이 뇌졸중이다. 시력을 잃거나 배뇨·배변 기능 소실 등과 함께 심각한 근무력증이 생기는 다발성 경화

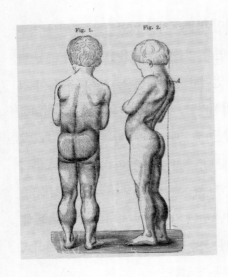

뒤센형 근디스트로피를 앓는 7세 소년의 스케치. 종아리가 굵어지고, 허리가 앞뒤로 굽은 척추앞굽이증이 생긴 모습.

증도 있는데, 길랭-바레증후군과 마찬가지로 자가면역질환이다. 또한 대뇌와 척수처럼 중추신경의 문제는 아니지만 사지마비를 가져오는 근디스트로피라는 병도 있다.

〈보살핌의 정석〉(2016)은 뒤센형 근디스트로피를 다룬 영화다. 자신의 부주의로 어린 아들을 교통사고로 잃고 이혼당한 벤은 입에 풀칠이라도 하기 위해 간병인 교육을 받는다. 처음 배정받은 환자가 근육병을 앓는 트레버다. 트레버의 어머니는 매일 일하느라 바쁘고, 아버지는 아이의 병을 알고 떠나버렸다. 벤은 세상과 만나는 유일한 방법이 TV뿐인 트레버를 집 밖으로 끌고 나와 일주일간 여행을 떠나고, 두 사람 모두 삶의 전환점을 맞이한다.

대뇌나 척수 손상이 아니라 어떤 이유로 근육에만 문제를 가지는 뒤센형 근디스트로피는 하지마비는 물론 조금씩 팔 힘을 잃고 폐를 움직이는 근육이 약해지면서 결국 호흡곤란으로 사망하는 질환이다. 근디스트로피(근이영양증)는 유전자 변이로 발병하는데, 성염색체 열성 유전이며, 근육을 구성하는 단백질 합성 과정에서 효소가 만들어지지 않아 생긴다. 그러니까 신경에 문제가 있는 게 아니라 근육 자체에 생기는 병이다. 유전형과 발병 나이, 쇠약해지는 근육 위치에 따라 세세하게 분류할 수도 있지만, 대개 뒤센형 근디스트로피, 조금 경미한 베커형 근디스트로피, 팔다리 이음 근디스트로피(지대형 근디스트로피), 얼굴·어깨·위팔형 근디스트로피(안면견갑상완형 근디스트로피) 등으로 나뉜다. 특히 뒤센형 근디스트로피는 신생아 10만 명당 30명꼴로 발병할 만큼 환자가 적지 않은 데다 진행도 빠르다.

프랑스의 신경학자이자 전기생리학의 선구자로 불리는 기욤 뒤센(1806~1875)이 1868년 질병의 특이 사항을 정리해서 이름 붙였는데, 1980년대에 들어서야 성염색체의 문제로 밝혀졌다. 3~4세가 되어도 무언가에 지지해서 일어서거나 아예 걷지 못하는 것을 보고 이상을 발견하는 경우가 많다. 점점 근력이 약해져서 대개 20대 초반에 심장 이상이나 호흡마비로 사망한다. 근본적인 치료는 어렵기 때문에 스테로이드를 사용해서 염증을 줄이며 병의 진행 속도를 다소 늦추는 수밖에 없다. 심폐 기능을 돕는 호흡기 장치를 달거나 척추앞굽이증 등이 생겼을 때 교정하는 정도가 치료의 전부다.

부모의 간병은 오롯이
자식의 몫일까?

◆

〈아무르〉, 〈욕창〉

외상으로 뇌를 다치거나, 뇌졸중 또는 선천적인 뇌성마비가 오면 심한 경우에 중증 뇌병변장애가 된다. 이때 24시간 환자 옆에 붙어서 간병할 사람이 필요하다. 먹고 입는 것은 물론 대·소변 처리, 목욕 등도 해주어야 하고, 외출하려면 여러 명이 거들어야 한다. 그래서 중증 장애인에게는 국가의 도움과 지원이 필요하다. 의료진이 집으로 방문해서 건강을 돌보고, 목욕이나 청소 등 보조 활동 인력을 지원해준다면 그 가족도 정상적인 생활을 할 수 있다. 하지만 안타깝게도 일상을 뒤로 한 채 오랫동안 장애인을 돌보던 가족이 힘들고 지쳐서 결국 동반 자살을 선택하는 사건이 심심치 않게 벌어진다.

〈아무르〉(2012)는 조용하고 오붓하게 노년을 보내는 음악가 출신 노부부 조르주와 안느의 이야기를 담은 영화다. 어느 날 갑자기 아내 안느에게 마비 증세가 찾아오면서 그들의 삶은 하루아침에 달라진다. 이웃과 친구들은 아내를 헌신적으로 돌보는 조르주에게 감탄하지만, 안느의 병세가 지속되자 지쳐가던 그는 갈등이 깊어진다. 긴 병에 장사가 있을까.

식탁에 앉아 얘기를 나누던 중 갑자기 안느가 말을 멈추는데, 잠시 후 정신이 돌아오지만 그 순간을 기억하지 못한다. 이는 약하게 뇌졸중이 왔다는 신호다. 이때 의사는 오른쪽 목동맥이 막혔고, 뇌로 공급하는 혈류가 약해져서 뇌경색이 왔지만 수술로 좋아질 수 있다는 진단을 내린다.

영화 〈아무르〉 포스터.

뇌경색 수술은 막힌 혈관을 뚫는 치료로, 엄밀히는 머리를 여는 수술이 아니다. 하지만 뇌경색이 오고 3~6시간 내에 치료하지 않으면 그다지 효과가 없다. 혈관을 막고 있는 혈전을 녹이는 약제를 투여하는데, 잘못하면 뇌출혈을 일으킬 수도 있다.

뇌졸중은 뇌혈관 질환으로, 크게 뇌경색과 뇌출혈로 나뉜다. 혈압을 그다지 신경 쓰지 않던 과거에는 뇌출혈성 뇌졸중이 대부분이었다. 요즘은 운동량은 적은 반면 과식하면서 혈관 내막에 침착하는 콜레스테롤로 인한 동맥경화나 죽상동맥이 많아졌다. 그 결과, 혈관이 막히는 뇌경색이 뇌졸중의 80퍼센트를 차지한다. 나머지 20퍼센트는 고혈압이나 꽈리처럼 튀어나온 뇌동맥류로 인해 뇌혈관이 파열되며 생기는 뇌출혈성 뇌졸중이다. 참고로 추락이나 교통사고 등으로 인한 뇌출혈은 뇌졸중에 포함되지 않는다. 다친 대뇌 부위에 따라 편마비가 될 수도, 전신마비가 될 수도 있지만, 뇌혈관의 문제로 기인한 뇌졸중은 대개 편마비다. 뇌졸중으로 손상된 뇌는 회복되지 않기 때문에 병변 크기나 위치에 따라 영구히 장애가 남는다. 따라서 뇌경색이나 뇌출혈이 반복해서 일어나지 않도록 약물을 지속적으로 투여해야 한다.

영화에서는 혈관을 뚫는 처치를 하다가 실패로 마비가 더 심해진다. 남편의 지극한 간병에도 안느의 얼굴은 점점 여위어가고 말이 어눌해지는데, 이는 반복적으로 뇌경색이 와서 그렇다. 그리고 치매가 오면서 감정이 급변하고 우울증도 오는데, 뇌 손상이 오래되거나 반복될 때 뇌 위축이 오면서 생긴 혈관성 치매 때문이다.

유럽 여러 나라처럼 프랑스도 간호 간병 제도가 잘되어 있을 텐데 왜 남편 혼자 부인의 간병을 위해 애쓰는지는 의문이었다. 프랑스는 65세 이상의 노인 중에 활동이 어려운 사람을 대상으로 재택 의료나 가사도우미 지원을 해준다. 입원까지 할 필요는 없지만 거동이 어려운 사람에게 병원과 사회복지기관에서 위생 관리, 의료 문제, 물리치료 등의 서비스를 100퍼센트 무료로 제공한다. 건강보험의 보장성이 높기 때문에 가능한 일이다. 의사의 방문과 약품비의 일부는 본인이 부담한다.

한국은 어떨까? 유럽, 미국뿐 아니라 일본에서도 병원 간호와 재택 간호 모두 간호사가 담당한다. 그러나 한국에서는 가족이 병원에 입원하면 개인적으로 간병인을 두어야 한다. 요즘 24시간 간병하는데 하루 15만 원이 넘는다. 일주일에 한 번 휴일을 두더라도 한 달이면 400만 원 가깝게 비용이 들어간다. 재택 간병도 마찬가지다. 그래서 장기간 간병이 필요한 경우, 가족 중 한 명은 하던 일을 그만두고 간병에 매달려야 한다. 이로 인해 분쟁이 생기면서 가족 관계가 파탄 나기도 하고, 경제적으로 문제가 발생하는 경우도 꽤 많다.

이런 고질적인 문제를 해결하기 위해 2016년부터 간호간병통합서비스가 건강보험으로 급여화되었다. 2008년에 만든 요양보호사 제도에 간병 기능을 추가한 것인데, 혜택이 입원 환자로 제한되어 있어 집에서 지내는 장애인이나 노인은 혜택을 받지 못한다. 또한 상급 종합병원이나 종합병원에만 적용되고, 요양병원의 간병 제도는 없다. 게다가 아직도 많은 병원에서 이 사업에 참여하지 않아, 여전히 사적 간병에 의존하는 실정이다.

간호사 1명당 간병해야 할 입원 환자 수가 5~10명으로 많은 것도 현장에서 지적하는 문제다. 이런 상황인데 이 제도를 도입하면 간호사의 업무가 과다해지므로 달가워할 리가 없다. 사적 간병 수요는 해마다 늘어서, 2018년 기준으로 1억 5,000만 명(입원 환자 기준, 연 인원 추계)이라는 연구 보고가 있다. 입원 환자 기준으로 2018년 사적 간병비 규모는 8조 원 내외로 추산된다.

영화 〈욕창〉(2019)은 재산이라고는 집 한 채뿐인 퇴직 공무원 남편 창식과, 뇌출혈로 지체장애와 언어장애가 생겨 누워 지내는 아내 길순, 그들의 자녀들, 그리고 입주해서 간병하는 불법체류자 중국 교포 수옥의 이야기다. 간병인이 길순을 제대로 돌보지 않아 몸에 욕창이 생기자, 가족들은 간병인 탓을 한다. 화가 난 수옥은 집을 나가버리고, 자식들은 어머니는 시설로, 아버지는 실버타운으로 보낼 것을 고민한다. 그러나 비용이 만만치 않다는 것을 알고 다시 간병인 수옥을 불러들이는 편이 낫다는 결론을 내린다. 수옥은 비자 때문에 일을 그만두고 위장결혼을 해야겠다고 창식에게 말하고, 창식은 수옥과 결혼하기로 마음먹는다. 자식들은 말이 안 된다고 하지만, 수옥을 내보내면 너희들이 돌볼 거냐고 아버지가 묻자 아무 대답도 하지 못한다. 이렇듯 이 영화는 우리나라 간병 문화와 그 문제점을 잘 드러낸다. 움직이지 않아 생긴 욕창이 곪아 터지는 것을 변하지 않는 우리의 현실에 빗대어 표현했다.

움직이지 않고 한쪽으로만 누워 있으면 눌린 부위가 혈액 순환이 되지 않아 피부 조직이 괴사하는 것을 욕창이라고 한다. 처음에는 피부가 빨갛다가 짓무른다. 제때 치료하지 않으면 점점 피부 깊숙이 파고 들어가 지방층과 근육층이 궤양으로 손상되고, 뼈가 드러날 만큼 심각해진다. 손상이 심하고 넓을수록 세균에 감염되기 쉽고, 패혈증으로 발전하면 생명까지 위험해진다. 그래서 뇌병변 환자들이 누워 지낼 때, 욕창은 환자의 남은 삶을 평가하는 지표가 되기도 한다.

이미 한국은 2000년에 65세 이상 노령자가 고령화 사회 기준인 인구의 7퍼센트를 넘었고, 2017년에 14퍼센트를 넘어서며 일찌감치 고령 사회로 진입했다. 2030년에는 인구의 20퍼센트를 넘어서는 초고령 사회에 다다를 것이라는 예상이다. 노령자는 치매나 암 등 여러 질병이 발생하기 쉬워서 앞으로 간호와 간병의 수요가 늘어날 텐데, 참 시급한 문제가 아닐 수 없다.

장애인은 성적 욕망을 가지면
안 되는 걸까?

◆

〈복지식당〉, 〈어둠에서 손을 뻗쳐〉, 〈아빠〉

대한민국 장애인복지법에 장애인이란 신체적·정신적 장애로 오랫동안 일상생활이나 사회생활에서 상당한 제약을 받는 사람으로 정의된다. 잘 정리된 정의인 듯하지만, 어딘가 부족해 보인다. 이 정의에 따르면 활동과 생활에 어려움을 겪더라도 신체나 정신의 장애가 아닌 경우에는 이 범주에 포함되지 않을 수 있기 때문이다. 에이즈 환자처럼 현실적으로 어려움을 겪고 있는데도 장애라는 불편함이 없는 경우에는 왜 장애인이라고 할 수 없을까?

이처럼 우리나라는 장애인을 의학적 관점에서 구분하고, 신체 구조나 신체적·정신적 기능상의 문제로 장애를 판정한다. 이는 1975년 12월 UN 총회에서 채택한 장애인 권리선언문 제1조 "장애인이란 선천적이든 아니든 신체적, 정신적 능력의 부족함으로 인하여 개인의 일상생활이나 사회생활에 보통 필요한 것들을 전체 혹은 부분이나마 스스로 확보할 수 없는 사람을 말한다"라는 정의에서 비롯된 것으로 보인다.

하지만 국제사회에서는 장애와 장애인에 대한 정의와 분류를 인권과 평등의 개념으로, 단순한 의학적 모델에서 사회·환경 모델로 바꿔나가고 있다. 신체나 정신의 결함이 있어서가 아니라, 그러한 결함이 없더라도 노동 능력이나 가정생활, 사회생활에서의 문제나 불편함이 있는지를 기준으로 삼은 것이다. 2001년에 세계보건기구에서도 오랜 논의 끝에 장애를 의학적 의미의 손상 또는 장해Impairment와 기능의 문제를 지닌 활동 제한Activity limitation, 참여 제약Participation restriction을 모두 아우르는 말로 규정했다. 신체적 손상과 상관없이 개인의 삶을 영위하는 데 어려움을 겪거나 지속적으로 생활상의 문제를 지닌 사람 모두를 포괄하여 장애인과 비장애인의 구분을 없애려 한 것이다.

미국이나 유럽 등 여러 나라에서도 포괄적으로 장애를 정의하고 있다. 신체나 정신적 장애 외에도 어떤 일을 수행할 수 있는지 여부나 노동 능력, 암이나 에이즈 같은 불치병, 알코올 중독(알코올 의존증)도 장애의 범주에 포함된다. 스웨덴의 경우에는 의사소통이 어려운 외국인 노동자도 장애로 구분한다. 한국은 장애인 등록자가 전체 인구의 5퍼센트지만, 독일은 9퍼센트, 일본은 10퍼센트, 미국과 오스트레일리아는 12퍼센트, 스웨덴은 18퍼센트를 차지한다. 세계보건기구에서 조사한 자료에 따르면, 장애를 경험했거나 가지고 있는 인구가 16퍼센트(약 10억 3,000만 명 정도)라고 한다.

우리나라의 등록 장애인이 적은 것은 실제 장애인이 적어서가 아니라 장애인에 대한 정책이나 권리 보장이 후진적이라는 의미다.

전문가들은 장애인을 의학적인 잣대로만 보는 정의와 재정을 적게 투입하려는 정부의 의지가 맞물린 결과라고 평가한다. 최근에야 장애등급(1~6등급) 규정이 없어진 대신 중증장애(이전 1~3등급)와 경증장애(이전 4~6등급)로 구분 짓게 되었다. 그런데 이 또한 근거도 없고 기준도 모호하다. 장애등급의 불합리함, 일자리를 얻으려는 장애인의 처절함 등을 다룬 영화 〈복지식당〉(2021)은 장애등급에 대한 화두를 던진다.

장애인에 관한 정책이나 사회적 시선도 문제이지만, 장애인의 성에 대해서도 고려할 필요가 있다. 장애인들은 몸이 불편하니 성적 욕구도 없을 것이라고 생각하는 사람이 많다. 우리나라는 그들의 성 문제에 대해서 조사한 바조차 없는 실정이다. 서울에 아직 사창가가 남아 있을 때 장애인들이 그곳을 이용하는 문제로 논쟁이 일어난 적이 있다. 장애인이든 비장애인이든 성을 상품화하는 것은 잘못이라고 주장하는 측과 장애인의 상황을 이해한다면 용납해야 한다는 사람으로 나뉜 것이다.

영화 〈어둠에서 손을 뻗쳐〉(2013)는 장애인의 성 문제를 다루는 일본의 독립영화로, 장애인을 대상으로 하는 출장 전문 성 도우미라는 낯선 직업이 등장한다. 손이나 팔 장애

영화 〈어둠에서 손을 뻗쳐〉 포스터.

가 있는 사람들을 위해 몸을 만져주거나 애무로 성적 만족감을 주는 직업이다. 성 도우미 사오리는 진행성 근위축증 환자나 오토바이 사고로 움직이지 못하는 청년 등 다양한 고객을 만나 서비스를 해준다. 실제로 일본에는 장애인 복지 차원에서 '장애인 성 간호 도우미' 제도가 있으며, 2011년 '화이트 핸즈'라는 회사가 설립되어 많은 도우미와 고객층을 보유하고 있다. 대만에도 '핸드 엔젤스Hand Angels'라는 시민 단체가 있고, 유럽 일부 나라에서도 비슷한 활동이 이루어지고 있다.

우리나라 독립영화 〈아빠〉(2007)는 장애인의 성을 전면으로 다루는 몇 안 되는 영화 중 하다. 중증장애를 앓고 있는 민주는 성적 욕구를 느끼기 시작하는 나이가 된다. 그러나 움직임이 자유롭지 못해 성적 욕망을 느낄 때마다 어찌할 바를 모르고, 욕구를 자해로 표출한다. 그 모습을 지켜보던 민주의 아빠는 딸에게 남자 친구를 소개시켜주고 싶지만 쉽지 않다. 길거리에서 지나가는 남자에게 돈을 건네며 부탁도 해보지만 미친놈 취급만 당할 뿐이다. 민주의 자해 행위를 멈추려고 아빠가 대신 나서는 충격적인 결말이다. 장애인의 성적 욕망과 근친간의 성이라는 불편한 소재를 진지하게 다루며 관객들에게 질문을 던진다.

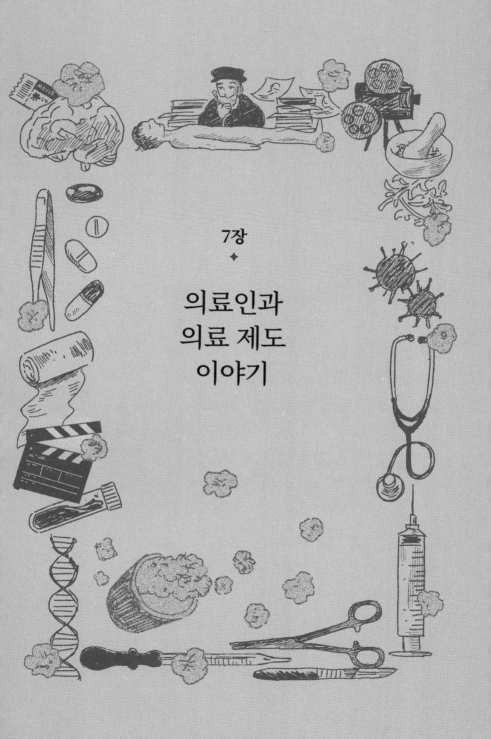

7장
◆

의료인과
의료 제도
이야기

여성의 몸에 대한 권리는
여성이 가지면 안 되는 걸까?

◆

〈레벤느망〉

민주주의의 가장 기본 권리인 참정권이 여성에게 주어진 시기는 생각보다 늦다. 뉴질랜드는 1893년, 오스트레일리아는 1902년부터 여성의 참정권이 보장되었고, 이후에 북유럽이나 소비에트연방도 여성에게 참정권을 주었다. 미국에서는 수십 년에 걸친 투쟁 끝에 수정 헌법이 통과된 1920년 8월에야 가능해졌다. 이렇듯 여성이 그나마 교육과 노동, 사회활동의 평등을 누리고, 가정으로부터 해방되고, 시민권을 보장받기까지는 오랜 시간이 걸렸다.

여성의 권리이며 사회적 책임이기도 한 낙태는 아직도 해결되지 않은 문제 중 하나다. 낙태 혹은 임신 중단은 여성의 권리로 끝나는 문제가 아니라 종교와 생명 윤리까지 고려해야 하기 때문에 아직까지도 논란이 되고 있다. 최근 미국에서 공화당 주지사와 민주당 대통령이 첨예하게 대립하고 있는 문제도 바로 낙태. 유산은 여러 가지 이유로 임신이 중단되어 태아가 사망하는 것이고, 낙태는 인위적으로 태아를 제거하는 것이다. 영어로는 둘 다 'Abortion'이라고 표현하지만, 낙태는 인공적으로 유산시킨다는 뜻인 임신중절Artificial abortion이라고 한다.

영화 〈레벤느망〉(2021)은 여전히 미완성인 여성의 권리를 낙태라는 소재로 풀어나간다. 레벤느망L'événement은 주목할 만한 사건이라는 뜻으로, 1960년대 원작 소설의 작가 아니 에르노가 학생 시절에 겪은 경험을 바탕으로 했다. 임신중절 허용법이 나오기 전, 미혼의 여자가 낙태하면 사회의 손가락질을 온전히 견뎌내야 하고 형사처벌도 받아야 하는 모순된 사회를 그린다.

주인공 안은 문학을 전공하고 작가가 되고 싶어한다. 그러나 남자와 하룻밤을 보내고 덜컥 임신을 하고 만다. 아기를 낳으면 꿈을 접어야 하고, 아기를 포기하면 낙태가 불법이므로 중형을 선고받고 감옥에 가야 한다. 찾아간 병원마다 여성은 임신중절을 선택할 권리가 없고, 법에 위반된다며 낙태 수술을 거부한다. 쇠꼬챙이를 달궈 스스로 임신중절을 시도해보기도 하고 약을 먹어보기도 하지만 실패한다. 임신 9주차가 되어 불법 임신중절로 낙태하는 데 성공하지만, 과다출혈로 병원에 실려간다. 결국 그녀를 측은히 여긴 의사가 진료 기록지에 낙태가 아닌 '유산'이라고 적는다.

성에 대해 상당히 개방적이고 결혼보다는 동거를 택하는 프랑스이지만, 가톨릭 신자가 많아서 낙태는 하느님의 뜻에 어긋나는 행위라는 인식이 지배적이었다. 독일은 1919년에 여성 참정권이 인정됐는데, 계몽주의와 프랑스대혁명을 일으킨 프랑스는 오히려 2차대전이 끝난 후에야 참정권이 보장되었다. 그만큼 여성 문제에 대해서는 보수적이었다는 의미다.

지스카르 데스탱 대통령과 당시 보건부 장관인 시몬 베유의 노력으로 프랑스에서 낙태죄를 처벌하지 않는 베유법이 공포된 것은 1975년이고, 1979년 12월 31일부터 본격적으로 시행되었다. 처음에는 임신 10주 이내에만 임신중절이 가능했고, 2001년부터는 12주 이내로 바뀌었다. 의학적 판단으로 임신중절이 가능한 시기는 한국에서는 24주 이내(WHO 기준은 22주)로 보고 있다. 그 이후에는 산모의 건강이 위험해질 수 있기 때문에 특별한 상황이 아니면 안 하는 것이 관례다.

우리나라에서도 형법과 모자보건법에서 불법 낙태는 엄격히 금하고 있다. 다만 모자보건법에서는 태아에게 유전적 결함이 있거나 기형 위험이 있는 전염성 질환이 의심될 때, 강간에 의해서나 혈족에 의해서 임신한 경우, 심각하게 산모의 건강을 해칠 우려가 있는 경우에는 허용한다. 즉, 태아나 산모에게 위험한 상황이거나 그 외의 중대한 문제가 있는 경우로 한정한 것이다.

모자보건법을 살펴보면 합법적 낙태를 위한 조건이 까다롭다. 본인과 배우자(사실혼 관계 포함)의 동의가 필요하고, 배우자의 사망·실종·행방불명 및 부득이한 사유가 있을 때만 본인의 동의만으로 수술이 가능하다. 여성이 성폭행 피해로 임신했을 때는 이를 증명할 수 있어야 낙태가 가능하다. 형법과 모자보건법에 명시된 낙태 금지 조항에 대해 2019년 4월 11일 헌법재판소가 이를 헌법불합치로 결정하고 관련 조항을 개정하도록 했다. 하지만 2020년 12월 말까지 국회를 통과하지 못하면서 낙태죄 관련 조항은 대체 입법 없이 2021년 1월 1일

자동 폐지되었다. 이에 따라 이전의 낙태금지법은 법리적으로 효력을 상실하면서 합법적으로 낙태가 가능해졌다.

낙태가 허용된 나라여도 산모의 요구에 따라 허용 범위가 넓은 나라가 있고, 산모와 태아의 건강을 위해서 불가피한 낙태만 허용하거나 산모의 건강 이외의 이유로는 불법인 나라가 있고, 어떠한 경우든 예외 없이 불법인 나라도 있다. 가톨릭교회를 비롯한 종교계의 반대는 차치하고라도 생명윤리 분야에서의 논란은 더욱 거세다. 의료계에서도 "나는 여성에게 낙태를 유도하는 물질을 제공하지 않겠습니다"라는 히포크라테스 선서의 문구를 거론하며 인간의 생명을 함부로 빼앗을 수 없다는 의사가 있고, 무의미하게 아기를 낳으면 아기뿐 아니라 여성의 미래도 비참해질 수 있으므로 낙태가 유연하게 허용되어야 한다는 의사도 있다.

낙태를 원천적으로 반대하는 생명 옹호론자와 낙태 찬성론자는 인간 생명체의 시작을 어디로 볼 것인가 하는 지점에서 부딪친다. 난자와 정자가 만나 수정되는 순간인지, 특정한 배아기 단계인지, 태어나서 생존 가능한 태아기인지, 논쟁이 벌어지고 있는 것이다. 생존 가능한 태아기 역시 의학의 발달과 의료 수준에 따라 달라지기 때문에 더 복잡해진다.

임신이 남녀나 가족만의 문제가 아니라 사회적 관심사라고 한다면, 여성에게만 임신과 출산, 낙태의 책임을 지우게 해서는 안 된다. 사회 전체가 책임을 져야 한다. 아이를 잘 키우는 것도 중요하지만, 아기를 잉태해서 낳고 키우는 여성의 권리도 보장되어야 한다.

간호사를 언제까지
태울 것인가?

◆

〈인플루엔자〉

동네 의원의 대기실에서는 환자들이 간호사와 마주하며 20~30분간 머무른다. 간호사는 자주 오는 환자나 보호자라면 누가 가족인지, 아이들이 몇 학년인지, 무슨 문제로 왔는지 알고 있다. 진찰을 기다리는 동안 환자나 보호자와 이런저런 이야기를 나누며 긴장을 풀어주기도 한다. 이렇듯 간호사들은 동네 병원에서 진료를 도울 뿐 아니라 방문하는 사람들이 처음 접하고 가장 오래 마주하는 의료 인력이다.

입원실을 갖춘 병원이라도 간호사들이 환자들과 가장 많은 시간을 보내기 때문에, 환자들을 돌보는 간호사의 역할은 의사가 제공하는 기술 이상으로 중요하다. 하지만 우리나라의 병동에서는 의사는 물론 간호사의 손길도 귀하다. 간호사들은 항상 뛰어다니고, 부지런히 뭔가 하고 있어서 환자들이 편하게 불편함을 호소하기 어렵다. 부른 지 한참 지나서 겨우 간호사가 찾아오더라도 또다시 번개처럼 사라져버린다. 외국 영화나 드라마에서처럼 누워 있는 환자들을 꼼꼼히 돌보며 조곤조곤 말을 걸어주는 간호사를 보기 힘든 것은 후진적인 보건의료 정책 때문이다. 이는 보건의료에 대한 정치인들의 무관심과 낮은 인식 때문이기도 하다.

우리나라에서 보건의료를 다루는 최고 상위법은 의료법이다. 의료법에는 의사, 치과의사, 한의사, 조산사 및 간호사를 의료인으로 규정한다. 간호사는 간호학을 전공하는 대학이나 전문대학을 졸업하고 국가시험에 합격한 자로 정하고 있으며, 환자들을 간호하거나 건강증진을 위해 교육·상담 등 다양한 보건 활동을 한다. 다만 이 모든 행위는 의사나 치과의사, 한의사의 '지도하에 시행하는 진료의 보조'로서만 가능하다. 그래서 의사 집단과 간호사가 종속적인 관계인지 아닌지를 두고 오랫동안 갈등하는 부분이기도 하다.

영화 〈인플루엔자〉(2021)는 의료계의 직장 내 괴롭힘을 정면으로 다룬 작품이다. 간호사 사회에서 오랫동안 고질적인 문제로 지적된 태움 문화를 인플루엔자가 전염되어 퍼져가는 데 비유한 것이다. 종합병원에 들어온 지 3개월밖에 안 된 다솔은 신종 인플루엔자의 유행으로 병원이 다급하게 돌아가자 신입 간호사인 은비의 교육을 얼떨결에 떠맡는다. 군대로 치면 사수가 된 셈이다. 다솔은 선배 간호사로부터 태움을 당하며 힘든 과정을 겪었던 터라, 결코 후배들을 힘들게 하지 않겠다고 다짐한다. 그러나 은비가 업무의 미숙으로 실수가 잦아지자, 다솔은 점점 인내심을 잃어간다. 수간호사와 고참 간호사는 다솔이 너무 무르게 대하니 은비가 나아지지 않는 거라며 은근히 다그친다.

'태움'은 불이 붙어 타게 한다는 뜻이지만, 보통명사처럼 여겨질 정도로 다른 뜻으로 널리 쓰인다. 다른 조직이나 사회에서 신입을 엄하게 다루긴 해도, 유독 병원의 간호사들이 더 심하다고 한다. 어려운 업무 내용과 과다한 업무량으로 주변을 돌아보기 힘든 체계, 사람의 생명을 다루는 최전선에 있기에 실수를 용납하지 않는 강박, 내가 고생했으니까 후임도 그래야 한다는 대물림, 업무에 비해 낮은 임금 등이 그 이유일 것이다. 이런 이유로 간호사는 인간답지 못한 환경에서 일한다. 이는 간호사 개인의 인성 탓으로 돌릴 것이 아니라, 체계의 문제로 봐야 한다. 과도한 업무량을 줄여주고 임금을 정상화한다면 서로 힘들게 만들 이유가 없다. 태움의 대물림도 분명 사라질 것이다.

물론 현재 상황을 너무 쉽게만 본다고 여길 수도 있지만, 이미 알려진 해결책이며 그에 대한 근거도 있다. 다음의 두 표는 경제협력개발기구OECD에서 해마다 조사해서 발표하는 건강 관련 지표 중에서 간호 인력과 관련된 자료다. 첫 번째 표는 간호학과를 졸업한 학생 수를 표시한 것인데, 3~4년제 간호대학을 졸업한 학생뿐만 아니라 단기 간호조무사 과정을 수료한 사람까지 합산했다. 이것만 보면 대한민국은 거의 세계 1위 수준으로 간호 인력을 배출하고 있는 것처럼 보인다. 국민 건강을 위해 제1선에서 일할 간호 인력을 많이 뽑으니 충분히 시간을 들여 환자를 돌보거나 더 많은 대화를 나눌 것이며, 그만큼 국민의 건강도 좋아질 것으로 여기기 쉽다.

하지만 그다음 표를 보면 이해가 되지 않는다. 한국은 간호 인력을 많이 배출하지만, 실제로 병·의원에서 일하는 간호 인력의 수는 뒤

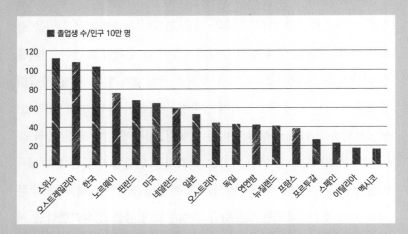

OECD 주요 나라별 간호 과정 졸업생 수(2020년 자료, OECD Health Statistics 2023)와 인구 10만 명당 졸업생 수(간호조무사 포함).

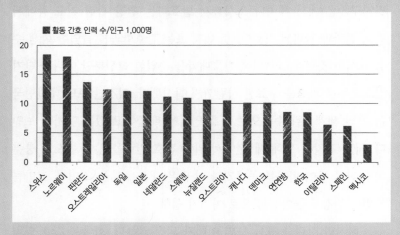

OECD 주요 나라별 활동 간호 인력 수(2020년 자료, OECD Health Statistics 2023)와 인구 1,000명당 활동 간호 인력 수(정규간호사와 간호조무사 포함).

에서 순위를 다툴 만큼 적다. 이러한 현상은 고질적인 문제로 최근에도 지속되고 있다. 그 많은 간호사나 간호조무사는 대체 어디로 사라진 것일까? 간호 인력을 많이 배출해도, 그들 중 절반 이상이 몇 년 안가서 이직을 하든가 아예 일을 그만둔다. 책임감은 무거운 대신 급여는 그 수준에 못 미치고, 노동 강도가 세기 때문에 유휴인력이 늘어나는 것이다. 태움이라는 왜곡된 조직 문화는 그나마 열악한 상황에 불을 지피는 격이다. 〈인플루엔자〉는 다솔이 간호대학을 졸업하면서 부푼 가슴으로 '나는 일생을 의롭게 살며 전문 간호직에 최선을 다할 것'이라는 나이팅게일 선서를 하는 것으로 시작한다. 하지만 병원 현장에 들어서면 그 선서의 기억은 희미해진다. 전쟁터에서 몸을 사리지 않고 부상자들을 돌보고, 천대받던 간호사들의 지위와 역할을 높였으며, 나중에는 사회사업가로서 많은 업적을 남긴 플로렌스 나이팅게일(1820~1910)이 하늘에서 슬퍼하며 내려다 볼 것만 같다.

팔로4징후 심장 수술은
어떻게 가능했을까?

◆

〈신의 손〉

팔로4징후Tetralogy of Fallot를 최초로 수술한 흉부외과 의사 알프레드 블레이락과 흑인인 데다가 학업도 모자란 조수 비비안 토마스의 실제 업적을 다룬 영화 〈신의 손〉(2004)은 1930년을 배경으로 시작한다. 당시에 흑인은 길에서 백인들과 마주치면 옆으로 비켜서야 했고, 버스를 타도 뒷자리에 앉아야 했다. 그러므로 백인 의사와 가난한 흑인 청년 간의 우정은 쉬운 일이 아니다. 남부 최고의 명문 밴더빌트 대학교 의과대학 연구소의 외과 의사인 블레이락 박사는 연구실 청소와 실험 도구를 정리해줄 잡부가 필요했고, 마침 일자리를 찾아다니던 20살 흑인 청년 비비안 토마스를 채용한다. 토마스는 돈을 모아서 의과대학에 가고 싶었던 터라 서재에 놓인 의학 서적에 관심이 많다. 그는 고등학교밖에 졸업하지 못했지만, 눈썰미가 좋을 뿐만 아니라 무엇이든지 만들고 고치는 재주가 비상했다. 의학 교재에 실린 심장 그림을 옮겨 그리며 관심을 보이는 토마스의 열정을 알고, 블레이락 박사는 그에게 연구용 하얀 가운을 입혀 일꾼이 아닌 조수로 채용한다.

　팔로4징후란 정맥피가 오른심실에서 폐로 나가는 곳이 막히고, 오른심실이 비대하며, 심실 간 격벽(심실중격)이 뚫려 있고, 대동맥이 심실중격 위에 걸쳐 있어서 제대로 혈액 순환이 되지 않는 선천성 심장질환이다. 소아의 선천성 심장질환 중에서도 높은 비율을 차지한다. 이 심장 기형을 처음 보고한 프랑스 의사 에티엔 루이 팔로의 이름과 4가지 선천성 심장 이상의 특징이 합쳐진 질환명이다. 혈액이 온몸에 제대로 돌지 않기 때문에 산소가 부족해서 입술이 파래지는 청색증이 생긴다. 숨이 차서 걷기나 가벼운 운동도 힘들고, 항상 얼굴이 창백하다. 증상이 장기간 지속되면서 산소가 부족해지면 손가락 끝이 뭉툭해지는 곤봉지가 생기고, 산소 부족을 보상하려고 적혈구가 늘어나다 보니 피가 걸쭉해지면서 혈전이 생겨 뇌경색이 발생하기 쉽다. 산소 부족과 대사 이상으로 성장이나 발육이 지체되고 감염성 심내막염도 발생할 수 있다. 워낙 복잡한 심장 기형이어서 치료를 할 수 없었

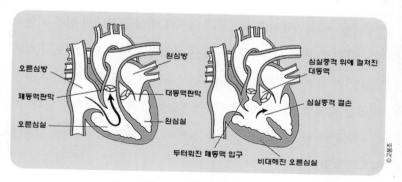

정상 심장 구조(왼쪽)와 팔로4징후를 보이는 기형 심장 구조(오른쪽).

던 시절에는 10세 이전에 사망했다.

어른들의 심장질환은 심혈관에 지방이 쌓이면서 생기는 동맥경화나 심장의 관상동맥이 막히는 협심증과 심근경색, 대동맥 손상 등이다. 대부분 생활 습관에서 오는 것들이다. 그 외 감염이나 합병증으로 생기는 판막질환이 있을 수 있다. 하지만 소아의 경우에는 대부분 선천성 심장병이다. 태아 시기에 생긴 기형에서 비롯됐다는 의미다. 선천성 심장질환에서 가장 많은 것은 심장 격벽인 심실과 심방의 중격 결손이다. 그 외에도 대동맥과 폐동맥이 연결되는 동맥관 개존開存이라는 질환이나 팔로4징후, 판막질환과 심장 혈관 이상 등 다양하게 나타난다.

태아의 심장은 수정 이후 3주차에 형성되는데, 관처럼 생긴 심장 원형에서 박동이 생기고, 심장 격벽이 생기고, 심장의 4개 방실이 차례로 만들어진다. 태아가 손가락 절반 정도로 자라는 임신 8주경에는 기능을 갖춘 심장이 완성된다. 다른 기관과 마찬가지로 심장도 여러 유전 인자들의 작용과 환경의 영향을 받아 형성된다. 다운증후군, 터너증후군, 클라인펠터증후군 등의 염색체 이상 질환에서 심장 기형이 많이 생기고, 아직 다 밝혀지지 않은 유전자 변이에 의해서도 기형이 발생한다. 환경 요인으로는 임신 중 사용한 기형 유발 약물이나 풍진과 같은 감염병, 당뇨병이나 페닐케톤뇨증 같은 대사질환이 있다. 이런 위험군의 산모는 산전 진찰을 철저히 하면서 이후 나타날 상황에 대처해야 한다.

블레이락이 존스홉킨스 의과대학의 수석 외과 교수가 되면서 토마스를 데려가는데, 소아병동에는 청색증을 앓는 선천성 심장병 아이들이 많이 입원해 있다. 블레이락은 회진을 돌다가 격리된 채 산소를 공급받는 15개월 된 아이린 색슨을 보며 안타까움을 감추지 못한다. 이즈음 소아 심장 전문의인 헬렌 타우식이 빗장밑동맥(쇄골하동맥)을 잘라서 가까운 폐동맥에 연결하고 산소가 부족한 혈액을 폐동맥을 통해 폐로 보내는 방법을 고안한다. 블레이락과 토마스는 수십 차례 동물 실험을 한 끝에 마침내 수술 방법을 찾아내고, 1944년에 아이린 색슨을 대상으로 첫 수술을 시행한다. 수술은 대성공이었고, 아기는 산소 공급 없이 자발 호흡만으로도 산소포화도가 정상에 가까워진다. 이것이 소아 심장 수술 역사에서 유명한 블레이락-타우식 단락 수술법 Blalock-Taussig shunt, B-T Shunt이다.

수술을 한다는 소식이 전 세계에 알려지자, 각지에서 수술 현장을 구경하려고 병원으로 몰려들었다. 하지만 흑인이자 의사가 아니었던 토마스에게 영광은 돌아오지 않았다. 토마스는 비록 의과대학 진학을 포기했지만, 실험실 책임자로서 존스홉킨스 대학병원의 외과 의사들을 돕고 교육하며 40여 년을 보냈다. 존스홉킨스 대학은 말년의 그에게 명예박사 학위를 수여하고 의과대학 교수로 임명했으며, 그의 초상화를 블레이락 박사 옆에 나란히 걸어놓았다. 그들의 업적은 길이길이 남아서 전해지고 있다.

머리가 붙은
결합 쌍둥이 분리 수술은 가능할까?

◆

〈타고난 재능: 벤 카슨 스토리〉

영화 〈타고난 재능: 벤 카슨 스토리〉(2009)는 세계 최초로 샴쌍둥이 머리 분리 수술을 성공시킨 벤 카슨이라는 신경외과 의사의 삶을 담았다. 흑인에 대한 차별이 여전히 남아 있던 1985년, 세계 최고의 존스홉킨스 병원에서 소아신경외과 수석 의사가 된 입지전적인 인물이다. 아버지 없이 자라면서 어릴 때는 꼴찌를 도맡으며 멍청하다는 소리를 들었지만, 어머니는 그에게 노력하면 더 나은 사람이 될 거라는 꿈을 심어준다. 결국 1등으로 장학금까지 받으면서 인종차별을 넘어 실력만으로 인정받고, 샴쌍둥이 분리 수술을 성공해낸 것이다. 2015년 미국 대선을 앞두고 공화당 경선에서 트럼프의 대항마로 선출되었고, 미국에서 가장 존경받는 인물 중 하나로 손꼽히기도 했다.

결합 쌍둥이는 흔히 샴쌍둥이라고 하는 기형이다. 원인은 명확하지 않지만 일란성 쌍둥이가 배아기 때 완전히 분리되지 않아서 생길 가능성과 분리된 배아가 다시 붙어버렸을 가능성, 혹은 일부 유전 요인으로 설명한다. 샴쌍둥이란 말은 1811년에 가슴과 허리가 붙은 채로 태어난 태국의 쌍둥이에서 유래한 용어인데, 차별적인 데다 지역에 대한 편견을 조장한다고 해서 최근에는 결합 쌍둥이라고 부른다. 이들은 청년기 때 미국으로 건너가 서커스단에서 쇼를 하며 이름을 알렸다. 63세까지 살다가 한 명이 먼저 죽고, 다른 형제는 연결된 혈관을 통한 실혈성 쇼크로 몇 시간 후 따라 숨졌다.

결합 쌍둥이는 20만 명 중에 한 쌍꼴로 드물게 나타나지만, 《조선왕조실록》에도 기록될 만큼 오래전부터 있었다. 가슴이 붙은 흉결합 쌍둥이, 가슴과 배가 붙은 흉복부결합 쌍둥이, 배가 붙은 복부결합 쌍둥이, 일부 신체만 불완전하게 형상을 갖추면서 붙어 있는 비대칭 쌍둥이, 머리가 붙은 두개결합 쌍둥이로 크게 나뉜다. 그 외에 머리는 붙었지만 얼굴이 두 개로 나뉜 경우, 머리와 얼굴은 하나인데 몸체와

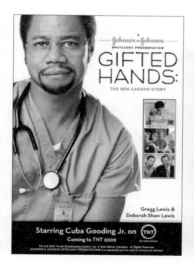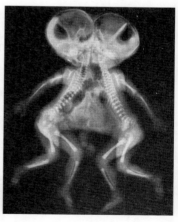

영화 〈타고난 재능: 벤 카슨 스토리〉의 포스터와 결합 쌍둥이 엑스레이.

팔·다리가 각각 두 개인 경우, 골반이 붙은 경우 등 아주 희박한 사례도 있다. 머리가 붙었더라도 앞으로 붙었는지, 옆이나 뒤로 붙었는지 등으로 구분하기도 한다. 심장, 간, 일부 장기를 공유하므로 이에 따라 생존이 결정된다.

수술이나 생존 기법이 발달한 요즘도 이들은 절반이 태아 상태에서 죽고, 태어나도 일찍 사망한다. 분리 수술은 결합 형태나 심장의 공유 여부, 수술 시기에 따라 성공 가능성이 달라진다. 결합 쌍둥이 분리 수술은 신체에 대한 복합적인 기술이 필요해서 매우 어렵다. 더욱이 두개결합 쌍둥이는 뇌를 건드려야 해서 카슨의 수술이 세계 최초의 성공 사례가 되었다. 대부분 분리 수술을 통해 한 명은 살지만 다른 한 명은 죽는 경우가 많아서 어느 쪽을 살릴 것인지 결정하는 것도 문제다. 하나의 머리에 사지가 각각 있다면 몇 명의 인격체로 봐야 할지 등 의료윤리 문제도 단순하지 않다.

이 영화에서는 1987년 9월 5일에 있었던 두개결합 쌍둥이의 머리 분리 수술을 재연해냈다. 50명이 넘는 의료진이 일사불란하게 협동해야 했고, 두 아기를 위한 수술대와 마취 장비, 인공호흡기가 들어가려면 넓은 수술 장소가 필요했다. 카슨을 비롯한 몇 명의 신경외과 의사가 뇌를 분리하는 동안 출혈이 심해졌고, 일시적으로 심장을 열려 혈액 순환을 막으려고 흉부외과 의사가 서너 명 투입되기도 했다. 수술이 성공적으로 끝난 후에는 아기의 심장을 보살피기 위해 여러 명의 소아심장내과 의사들이 대기했다. 마지막으로 성형외과 의사들이 머리를 분리할 때 손상된 얼굴 부위를 수술했다. 이 모든 과정에서 마취과 의사들은 두 아기의 혈압, 호흡 상태, 산소포화도 등을 체크하며 복잡한 장비를 담당했다. 장장 22시간이 넘는 수술 끝에 성공적으로 뇌를 분리했고, 멈췄던 심장이 다시 뛰면서 두 아기 모두 건강하게 인큐베이터로 들어갔다.

이 영화를 보다가 의대생 시절이 떠오르기도 했다. 벤이 연인에게 "나랑 결혼하면 안 되겠어. 난 신경외과 의사를 할 거고, 그러면 집에 잘 안 들어갈 테니까"라고 농담을 하는 장면이라든지, 125명의 지원자 중에 단 2명만 뽑는 신경외과 레지던트 면접 장면은 나 역시 전공의 지원을 했을 때 경쟁률이 높고 들어가기 힘든 병원이라서 마음을 졸였었던 기억이 있다. 밤중에 전화를 받고 병원으로 불려가기 일쑤고, 집에서도 종일 책을 들여다보는 모습도 낯설지 않았다. 수술장에 들어가기 전에 손톱 속까지 딱딱한 솔로 몇 번이고 소독용 세제로 씻어내는 장면, 간호사들이 수술의 전 과정을 속속들이 꿰차고 있으면서 필요한 도구들을 정확히 의사의 손에 쥐여주는 장면, 마취과 의사를 비롯해서 전 의료진이 협업하는 장면 등은 생생하고 박진감이 넘친다.

미국은
의료 후진국일까?

◆

〈존 큐〉, 〈이보다 더 좋을 순 없다〉, 〈식코〉

보험이란 평소에 여러 사람에게서 일정 금액을 모아 불행한 상황을 맞이한 사람에게 축적된 자금으로 도움을 주는 것을 말한다. 같은 이치로 의료보험도 건강상의 문제가 생겼을 때 도움을 받는 방식인데, 19세기 독일의 철혈 재상이라고 불렸던 비스마르크(1815~1898)의 제안으로 의료보험이 시작되었다. 비스마르크가 노동자들을 어여삐 여기거나 긍휼히 생각해서가 아니라, 당시 유럽을 휩쓸던 사회주의 사상과 노동자의 잦은 파업을 잠재우기 위해 당근으로 던진 정책이었다. 정치적 회유책이긴 했지만 의료보험 제도는 획기적이었다.

영국의 재무장관 데이비드 로이드 조지(1863~1945)가 독일을 방문하면서 이 제도에 감명받고 1911년 국민보험법을 만들어 의료보장을 시작했다. 영국 국민의 3분의 1만 혜택을 입었고, 입원 치료는 개인 부담이며 외래 비용만 보장되는 한계가 있었지만, 영국 국민에게 큰 환영을 받았다. 1942년, 전후 복구와 함께 영국 국민들의 복지에 대한 전망을 내놓으라는 처칠 총리 내각의 위임을 받아, 경제학자 윌리엄

비버리지는 '비버리지 보고서'를 제출했다. "요람에서 무덤까지"라는 슬로건이 바로 여기에 등장한다. 비버리지는 이전의 보험 형식의 의료보장도 국가 세금으로 해야 하며, 보장 범위도 대폭 확대해야 한다고 강조했다. 처칠 내각은 국가 재정을 이유로 보고서를 채택하지 않았지만, 대신 소수 정당이었던 노동당이 이를 적극적으로 이용했다. 전쟁을 승리로 이끈 보수당이 선거에서 과반수 획득에 실패하면서 노동당이 집권했고, 노동당 내각의 애뉴린 비번(1897~1960) 보건부 장관의 노력으로 1948년 7월에 국가 재정이 지원하는 국가보건의료체계가 시행되었다. 이것이 유명한 NHSNational Health System로, 전 국민을 대상으로 의료비 전액을 국가에서 부담하는 무상 의료 서비스다.

아들 마이크가 야구 경기 도중 운동장에서 의식을 잃고 쓰러지자, 바로 차를 몰아 응급실로 달리면서 시작되는 영화 〈존 큐〉(2002)는 미국 의료 제도의 실상을 잘 보여준다. 심장외과 의사는 평범한 9세 아이와 마이크의 심장 엑스레이를 비교하면서 설명해준다. 마이크가 선천성 심실중격결손을 앓았고, 시간이 지나면서 심부전으로 진행되어 심장이 비대해졌으며, 현재 제 기능을 못하면서 혈액이 폐에 고여 폐부종을 일으켰다고 한다. 유일한 치료 방법은 심장 이식뿐이다.

병원에서는 존 큐의 가정 상황을 상세하게 조사해서 회의에 올린다. 존은 저임금 노동자이고, 아내는 슈퍼마켓 점원이다. 존이 저소득층임을 알게 된 병원장은 수술이 힘들면 약물로 버티며 죽음을 기다려야 한다고 말한다. 수술을 한다 해도 존이 다니는 회사를 담당하는 보험회사는 조건이 부합하지 않는다는 이유로 비용 처리를 해주지

● 〈존 큐〉의 한 장면. 존(덴젤 워싱턴)은 가난해도 단란한 가정의 가장이지만, 의료보험 혜택을 받지 못하자 아들 마이크를 위해 인질범이 되고 만다.

●● 〈이보다 더 좋을 순 없다〉의 한 장면. 천식을 앓으면서도 제대로 치료받지 못하는 아이, 보험을 들지 못해 엄청난 액수의 치료비를 청구받는 주변 사람들의 이야기가 등장한다.

●●● 〈식코〉의 한 장면. 미국의 의료 현실을 적나라하게 고발하고 있다.

않겠다고 하니 비보험으로 해야 한다. 이식받을 장기를 기다리는 것도 문제지만, 총 25만 달러의 수술 비용 중 30퍼센트인 7만 5,000달러를 먼저 내야 한다. 불리한 조건은 피하려고만 하는 보험회사와 원칙만 따지는 병원 사이에서 어떻게든 해결해보려 했던 존은 아무것도 기대할 수 없자 결국 총을 들고 병원에 쳐들어가고 만다.

미국은 아주 독특하고 복잡한 의료보험 체계를 가지고 있다. 자본주의 선도 국가답게 민간 보험회사를 기본으로 하며, 일부에서만 공공 의료보험을 채택한다. 민간 보험회사에는 크게 HMO, PPO, POS, EPO의 4가지 의료보험 유형이 있다. 가장 많은 유형인 HMOHealth Maintenance Organization 방식은 일정 지역에 여러 병·의원을 연결한 네트워크가 있다. 그 네트워크에 속한 가정의학과·내과·소아과 중에서 주치의를 정하여 가족의 모든 건강을 맡긴다. 필요한 경우에만 주치의의 의뢰를 통해 특정 전문의나 종합병원의 진단을 받는 방식이다. PPOPreferred Provider Organization 방식은 지역과 의사를 따로 정하지 않고 마음대로 찾아갈 수 있다. 전문의 진료도 자유롭게 받을 수 있는 대신, 보험료가 아주 비싸다. 이 중간 형태인 POSPoint of Service 방식은 HMO처럼 지역과 주치의를 정하되 비용을 더 내면 네트워크를 벗어나서도 의사를 만날 수 있도록 보충한 형태다. EPOExclusive Provider Organization 방식은 HMO처럼 진료받을 수 있는 지역을 정하고, 그 지역 안에서는 자유롭게 의사를 찾아갈 수 있다. HMO와 PPO를 섞은 형태로, 역시 보험료가 비싸다.

영화 〈이보다 더 좋을 순 없다〉(1997)에서도 민간 의료보험의 폐해가 드러난다. 캐롤은 아이가 천식 발작을 자주 일으켜서 병원의 응급실이나 외래로 방문하는데, 천식 유발 원인 검사조차 제대로 받아 보지 못한다. 처방받는 약은 위급한 상황만 넘기는 것이라 금세 나빠지곤 한다. 캐롤이 가입한 보험은 보험료가 싸서 고가의 검사나 약은 제공받지 못한다. 또한 주인공 멜빈의 아파트 이웃인 사이먼은 직장이 없는 예술가로 민간 의료보험에 가입하지 않았다. 어느 날 사고로 일주일 동안 입원했더니 6,100만 원이 적힌 청구서가 날아온다. 이것이 미국 의료보험의 실상이다.

미국의 공공 의료보험은 크게 메디케어Medicare와 메디케이드Medicaid로 나뉜다. 메디케어는 65세 이상 노인과 일부 특정 장애인에게 혜택이 제공되며, 메디케이드는 저소득층을 대상으로 한다. 문제는 65세도 아니고 저소득층도 아닌 사람들이다. 민간 보험회사는 한 달 보험료가 100~300만 원 수준이니 가입하기가 쉽지 않다. 식료품 가게나 작은 동네 마트, 세탁소 등을 운영하는 한국 이민자들에게 물어보면 대부분 공공보험 혜택을 받는 대상은 아니고 비싼 민간 보험에는 가입할 여력이 없어서 무보험자가 많다고 한다.

민간 보험이든 공공 보험이든, 의료보험에 가입하지 않은 미국민은 2010년 기준 5,000만 명으로 인구의 15퍼센트에 달했다. 이들은 아프면 죽어야 한다. 오랫동안 민간 보험회사의 로비를 받은 공화당의 반대로 공공 의료보험은 확대되지 못했다. '오바마 케어'는 메디케어나 메디케이드에 가입하지 못한 사람들, 즉 고소득자를 제외한 중산층을 위한 의료보험 제도로, 2014년부터 시행되고 있다. 미국민은 이제 공공 보험인 메디케어나 메디케이드, 오바마 케어, 민간 의료보험 중 하나에 의무적으로 가입해야 한다.

〈식코〉(2007)는 오바마 케어가 시행되기 이전에 미국 의료보험 제도의 현실을 낱낱이 보여준 다큐멘터리 영화다. 식코는 의료 수혜자, 즉 환자를 뜻한다. 마이클 무어 감독은 엉성하고 복잡한 미국의 의료보험제도와 너무 비싼 의료비를 신랄하게 비판한다. 찢어진 무릎을 스스로 봉합한다든지, 일하다가 손가락 두 개를 절단당한 사람이 민간 의료보험이 보장하는 한도로는 손가락 하나만 살릴 수 있다고 해서 하나만 봉합 수술을 받는 현실을 그대로 보여준다. 그뿐 아니라 민간 보험사의 횡포도 고발한다. 건강에 조금이라도 문제가 있는 사람은 가입 조건을 까다롭게 하거나, 가입했어도 의사들을 자문으로 고용해 급여 대상에서 제외시키는 꼼수를 부린다. 다른 나라와 비교해서 보여주니 미국의 문제가 더 크게 심각하게 느껴진다. 영국의 병원이나 응급실에는 진료비를 계산하는 원무과가 아예 없다. 진료비는 어디서 내느냐는 감독의 질문에 영국 병원 직원이 무슨 말인지 못 알아듣는 장면을 보면 아마 우리도 무어 감독처럼 놀랐을 것이다. 원무과가 없다고?

한국에서는 1977년에 500인 이상 사업장에 한해서 의료보험이 시작되었다. 이후 지역의료보험, 직장의료보험 등으로 확대되었고, 분산 운용되던 것을 전국민건강보험이라는 이름으로 통합했다. 1977년은 박정희 군사정부 말년으로, 노동운동과 학생운동이 불붙듯 거세지던 시기였다. 외국의 의료보험을 연구하던 학자들의 요청도 있었지만, 당시 정권 반대 투쟁을 무마하기 위해 비스마르크처럼 회유책으로 제시했다는 의견도 있다.

　한 나라의 의료 체계는 투입 요소와 실행 과정을 통해 국민의 건강이라는 결과를 얻는다. 투입 요소는 재정, 인력, 기술이나 시설과 장비, 제도 등으로, 이 중에서 가장 중요한 것은 의료 재정이다. 의료보장과 장기요양 등 보건의료에 투입되는 재정의 대부분은 건강보험이라는 이름으로 국민에게서 거둔 재정을 바탕으로 한다. 이를 통해 본인 부담을 최소로 하여 의료비를 지불하게 된다. 영국의 NHS처럼 국가 세금으로 의료비를 부담하는 경우가 있는가 하면, 한국처럼 건강보험으로 부담하는 경우로 나뉜다. 건강보험을 시행하는 나라라고 해도 국가의 재정을 투여해서 복합적으로 운용하는 경우가 대부분이다.

　건강보험 재정과 국가 지원을 통해 개인이 의료비를 부담하는 정도를 의료비 보장성(한국에서는 건강보험 보장성)이라고 한다. 이는 그 나라 의료제도의 튼튼함 정도를 평가하는 지표다. 유럽이나 북미, 오세아니아 지역은 오래전부터 공적 재원의 보장성이 75~85퍼센트를 차지하는 반면에, 우리나라는 10년이 넘도록 60퍼센트를 갓 넘는 수준에 그치고 있다. 그만큼 국민의 의료비 부담이 크다는 뜻이다. OECD 국가 중 국가 경쟁력 10위권 내에 들어가는 나라로서는 부끄러운 일이다. 고령화와 만성질환의 증가로 의료비 상승이 우려되는 상황이라 더욱 답답할 뿐이다.

　이 모든 것에 대한 책임은 정치권의 미온적 태도와 무관심에 있다. 보건의료는 선심성으로만 제시될 뿐이다. 전체 의료 체계를 효율적으로 바꾸고, 국민 부담은 줄이면서, 더 건강한 나라로 만들려는 노력은 시늉에만 그친다. 조만간 의료 재정의 핵폭탄이 터질 때쯤에야 정치권에서 겨우 미봉책을 내놓을 것 같아 걱정스럽다.

한국에서
패치 아담스는 꿈일까?

◆

〈패치 아담스〉

　〈패치 아담스〉(1998)는 실존 인물을 그린 영화다. 불행한 가정환경에서 성장하여 자살 미수로 정신병원에 수용된 헌터는 병원에서 만난 물리학자에게서 생각을 달리하면 보이는 게 달라진다는 깨달음을 얻는다. 물리학자에게서 상처를 치유한다는 뜻의 패치patch라는 별명을 얻으면서 새로운 인생을 시작한다. 아담스는 사람들의 정신적 상처까지 치료하는 진정한 의사가 되기로 마음먹는다. 그는 권위적이지 않게 환자들을 대하기 위해 피에로 분장을 하고서 아이들을 만나고, 동급생들과 무료 진료소를 세워 소외되고 가난한 이들을 보살핀다. 하지만 의사 면허증 없이 진료 행위를 한 것이 문제가 되고, 정신이상자에게 동급생이 살해당하면서 환멸을 느낀다. 그래도 다시금 의사의 길을 택한다. 학교에서 퇴학 처분까지 받게 되지만, 위원회에 제소해서 마침내 졸업한다. 그 후로 많은 환자들을 무료로 치료했고, 환자들을 편안하게 대해야 한다는 생각으로 병원을 세워 많은 의사들과 뜻을 함께했다.

병원은 환자와 소통하려 하지 않지만 환자들은 소통하길 원한다는 메시지가 분명해서 영화가 주는 감동과 공감이 컸다. 물론 의사가 광대처럼 굴어야만 소통하는 거냐며 이 영화를 싫어하는 의사들도 있다. 영화가 주는 잘못된 인식으로 많은 의료인을 매도할 수도 있다고 한다. 그러나 중요한 것은 의사는 환자에게

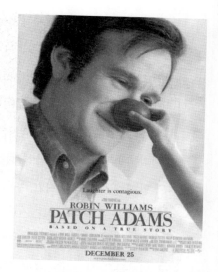

영화 〈패치 아담스〉 포스터.

필요한 모습으로 존재해야 한다는 사실이다.

내가 이 영화를 본 것은 의사 초년생 시절이었다. 훌륭한 의사에 관한 영화라고 입소문이 나서 바쁜 시간을 쪼개 동료 의사들과 함께 봤다. 영화관을 나와서는 카페에 앉아 이런저런 논쟁을 벌였던 기억이 난다. 주로 '저런 의사가 실제로 있겠느냐' 하는 것과 '잘난 의사한 명이 병원을 바꾸지 못한다'라는 내용이었다. 어쨌든 부럽지만 그 길을 따라갈 수는 없다는 결론으로 정리가 됐던 것 같다. 이후 관록이 있는 중년의 의사로 진료실을 지키면서도 그때의 의문은 해결되지 않았다. 왜 우리는 친절한 의사, 환자들을 기분 좋게 대하는 의사가 될 수 없을까?

병원과 관련한 통계를 보면 특이한 부분이 있다. "당신(의사)은 환

자나 그 보호자에게 친절하고 상세히 질환이나 예후에 대해서 설명하는 편입니까?"와 "당신(환자나 보호자)이 만나는 의사는 친절하고, 당신이 가진 질환에 대해서 상세히 설명하는 편입니까?"라는 질문에 의사와 환자가 상반된 대답을 한다는 점이다. 의사에게 물어보면 70~80퍼센트가 그렇다고 대답하는 반면, 환자나 보호자는 30퍼센트만 긍정적으로 답한다. 게다가 선진 외국에서는 가장 존경하는 직업으로 교사, 소방관과 함께 의사가 꼽히지만, 우리나라에서는 그렇지 못하다.

어쩌면 한국의 의사들은 스스로 친절하다고 착각할 뿐이며, 환자나 보호자는 의사가 불친절하고 설명도 잘 안 해준다고 여기는 것 같다. 외국 의사들은 상냥하고 충분한 시간을 할애해서 설명을 해주는 반면에, 우리나라 의사들은 그렇지도 않으면서 수입에만 신경 쓰는 속물이라는 뜻일까? 그게 아니라면 무엇이 문제인지 우리나라의 의료 현황을 살펴볼 필요가 있다.

불친절하게 보이고, 설명하는 데 인색한 의료진들의 모습은 의사들 개인의 탓만은 아니다. 우리나라의 의료 체계가 그렇게 만든 것이다. 환자에게 조금이라도 더 신경을 쓰려면 여유가 필요한데, 동네 병원에서는 매일 많은 환자를 볼 수밖에 없다. 종합병원 의사들은 중증 환자나 어려운 질환을 집중해서 치료해야 하는데 경증 환자까지 진료하느라 시간을 많이 뺏긴다. 또한 24~25개의 전문과가 모두 지역에 개원하면서 경쟁해야 하는 현실도 우리나라에서 친절한 의사를 만나기 어려운 이유다.

그러면 욕심을 줄이고 시간을 들이면서 천천히 진료해도 되지 않느냐고 반문할 수 있다. 하지만 그러다가 병원 문을 닫아야 할지도 모른다. 우리나라 의료는 박리다매, 즉 적은 수가로 환자를 많이 유치해서 수입을 올려야 하는 체계다. 외국의 동네 병원은 하루에 20~30명 진료하며 한 명당 10~20분씩 할애해도 운영이 되지만, 우리나라는 매일 70~100명 가까이 환자를 봐야 한다. 그러니 진료 시간이 3분을 넘을 수 없다. 환자와 보호자에게 건강 교육을 할 시간은 물론이고, 질환에 대해서도 상세히 설명할 시간이 부족하다.

한데 정부 관료나 정치인들은 이런 상황을 문제로 여기지도 않고, 발달된 의료 체계가 무엇인지도 모르고, 바꾸려는 의지도 없다. 1차의료와 전문의 제도, 의료 전달 체계 등 한국의 의료 체계는 100년 전이나 지금이나 달라진 게 없다. 후진적 의료 제도에 익숙한 우리나라 의사들이 이 영화를 보면서 불편해하는 것도 어쩌면 당연하다. 머리는 패치 아담스를 쫓아가고 싶어도 몸은 현실에 매여 있는 탓이다.

1차의료는
필수 의료일까?

◆

〈우리 의사 선생님〉, 〈간장 선생〉

흔히 의사라고 하면 하얀 가운을 입고 넥타이를 맨 깔끔한 이미지를 떠올리지만, 세계 역사에는 불의나 압제에 맞서 싸운 투사와 같은 의사들이 있다. 중국에는 쑨원(1866~1925), 캐나다 출신 의사인 노먼 베순(1890~1939), 프랑스의 사상가 프란츠 파농Frantz Fanon(1925~1961), 칠레의 대통령 살바도르 아옌데(1908~1973) 등이다. 우리나라에도 일제강점기에 백정의 아들로 한국 최초의 의사가 된 박서양(세브란스 1회 졸업생), 몽골에서 활약한 이태준 등이 있다. 아마도 그들은 점잖은 얼굴로 진료만 보며 주변을 돌아보지 않는 의사는 소의小醫라고 여길지도 모르겠다.

이렇듯 독립운동이나 혁명에 참여한 위대한 의사들의 활동을 보기는 어려울지 몰라도 우리가 많이 보는 의학 드라마나 영화에서는 일상의 의료 현장을 만날 수 있다. 하지만 의학 드라마나 영화에서는 주로 목숨이 왔다 갔다 하는 응급실이나 피 튀기는 외과 수술 현장을 단골 소재로 삼는다. 극에 등장하는 의사나 간호사는 잠을 이루지 못하면서 환자를 돌보고, 몸과 마음이 힘든 만큼 그들 사이에서는 온갖 갈등이 벌어진다. 이렇게 병원에서의 하루하루가 드라마틱하니, 드라마와 영화의 소재로 활용하면 눈과 귀를 쉽게 사로잡을 수밖에 없다.

그렇다면 동네에서 조용히 진료하며 동네 주민들의 삶을 보살피는 의사를 소재로 영화나 드라마를 만들면 어떨까? 영화 〈우리 의사 선생님〉(2009)에는 조용한 시골 마을에서 진료하며 친근한 이웃 아저씨처럼 주민들을 돌보는 의사가 등장한다. 도쿄에서 인턴으로 파견 나온 젊은 의사 소마는 나이 많고 소박한 동네 의사 이노를 처음에는 무시하다가, 마을 사람들과 교감하는 모습에 점차 감명받는다. 이노는 전형적인 동네 병원 의사의 본보기를 보여준다. 환자에게는 항상 친절하고, 어디가 어떻게 아픈지 상세히 설명해준다. 누가 아프다고 하면 때와 장소를 가리지 않고 찾아가서 보살펴준다. 노인이 세상을 떠나면 안아주며 작별인사를 하고, 그의 가족들과 함께 슬퍼한다. 이런 의사라면 어떻게 존경하지 않을 수 있겠는가.

또 다른 일본 영화인 〈간장 선생〉(1998)은 부지런하고 성실하기만한, 고지식한 의사의 모습을 담고 있다. 1945년 초여름, 태평양전쟁에서 일본 제국주의가 패색이 짙어지던 시기에 히로시마에서 조금 떨어진 어촌 마을의 동네 병원에서 아카기는 의사로 근무한다. 그는 왕진을 갈 때면 항상 뛰어다닌다. 병원도 드물고 의사도 만나기 힘든 시절이라 혼자서 인근의 모든 환자를 돌봐야 했기 때문이다. 그는 부지런히 뛰어다니며 환자들을 많이 만나는 것을 신조로 삼는다. 그래서 "개원의는 발이 생명이다. 한 다리가 부러지면 다른 다리로 달리고, 두 다리가 부러지면 손으로 달리고"라고 말한다.

아카기는 동네 군인 클럽에서 일하는 직원이 티푸스를 앓는다고 하자 찾아가지만, 티푸스가 아닌 간염이라고 진단한다. 티푸스Typhus는 그리스말로 '흐릿한, 희미한'이란 뜻으로, 열을 동반하면서 몸에 발진이 생기는 경우를 모두 아우른다. 이제는 잘 사용하지 않는 의학 용어로, 박테리아나 바이러스 같은 미생물이 뭔지 모르던 시절에는 비슷한 증상만 보여도 싸잡아서 티푸스라고 했다.

아카기는 배가 아프다고 해도, 기침을 해도, 머리가 아파도, 오로지 간염이라고만 진단한다. 어디가 아파도 항상 '간장병(간염)'이라고 하자, 동네 사람들은 그를 '간초 센세(간장병 선생)'라고 부르며 무시한다. 그래도 일본에서 최고라는 동경제국대학 의과대학을 졸업한 의사인데 말이다.

의사 아카기가 진찰하는 장면이 여러 번 나오는데, 실제 의사가 하는 것처럼 정확하다. 청진기를 잡는 법이나 가슴에 대는 위치, 가운뎃손가락 끝마디를 두들기면서 타진하는 모습, 무릎을 구부리게 하고 배를 만지는 것 등이 매우 사실적이다.

영화에서는 당시에 바이러스를 어떻게 인식했는지 알 수 있어서 흥미롭다. 아카기는 간염의 원인을 '여과성 병원체'라고 말하는데, 특정한 필터를 통과할 정도로 미세한 미생물을 말할 때 사용하던 당시의 의학 용어다. 간염의 원인 미생물인 바이러스는 너무 작아서 현미경으로도 볼 수 없고, 보통의 세균(박테리아)처럼 염색이 되지 않아 붙은 이름이다.

두 영화 모두 동네를 지키는 1차의료 현장을 소재로 한다는 점에서 특별하고 귀한 영화다. 1차의료란 동네에서 주민들이 건강상의 문제가 생겼을 때 처음 접하는 의료로, 주민들과 밀접한 관계를 맺으면서 치료뿐 아니라 예방을 통해 건강을 지키도록 돌보는 것이다. 긴급 상황이 생길 수도 있지만 대개는 조용히 진료, 상담, 치료가 이루어진다. 오래된 동네 병원이라면 아이가 태어나 자라고 나이가 들 때까지 한 의사가 함께하며 늙어가기도 한다. 이렇듯 지역 주민들이 겪는 건강상의 문제를 지속적이고 포괄적으로 관리하는 것이 1차의료의 핵심이다.

유럽을 비롯한 선진국은 1900년대 초·중반부터 전문의 영역과 1차의료 영역을 구분하고 있다. 1차의료는 지역을 담당하고, 특화된 전문의는 종합병원이나 전문 진료 영역에서 활동하도록 분화되었다. 이것을 의료 전달 체계라고 한다. 지역을 담당하는 1차의료 전문의들은 주민들의 건강을 보살피고, 내과나 외과, 산부인과, 정형외과, 피부과 등 한 진료 과목에 특화된 단과 전문의들은 종합병원이나 전문병원에서 환자를 맡는다. 한국에서 많은 전문의가 동네 병원으로 개원하는 것과는 다르다.

정식으로 전문의가 만들어진 것은 1920년대에 들어서면서부터다. 그 이전에는 도제식으로 수련을 쌓으면 그 분야의 전문의로 인정받았다. 유능한 외과 의사 밑에서 오랜 수련을 거치면 외과 의사가 되었고, 산과 의사 밑에서 수련받으면 산과 의사가 되는 식이다. 그러던 것이 미국에서 처음으로 정해진 과정에 따라 수련과 시험을 거쳐 자격을 얻는 전문의 제도가 시행되었다. 1917년, 미국의사협회는 안과 시험위원회를 만들어서 안과 전공의 과정을 거친 의사들이 전문의 자격 시험을 치르게 했다. 1924년에는 이비인후과, 1930년에는 산과와 부인과에서 정규 과정을 거친 전문의를 배출하면서 1930년대에는 대부분의 진료 과목이 전문과로 분화되었다.

그 후로 전문의 제도는 유럽이나 북미 대륙에서 유행처럼 번져나갔다. 마치 진정한 의사는 전문의인 것처럼 여겨지기도 했다. 하지만 그로 인한 심각한 병폐도 드러났는데, 가장 큰 문제는 단과 전문의가 주민들의 질환이나 건강상의 문제를 통합적으로 살피지는 못한다는 점이다. 더욱이 전공 과목 외에는 관심을 기울이지 않았기 때문에 여러 질환을 다루는 보건의료 파수꾼의 역할은 담당할 수 없었다. 그래서 전문 수련을 거친 1차의료 의사들이 지역에서 기본 진료를 담당하고, 중증 질환이나 특별한 처치나 검사가 필요한 경우에는 단과 전문의가 담당하도록 전달 체계를 만든 것이다.

우리나라에서는 모든 전문과가 동네 병원을 차지하고 있고, 웬만하면 종합병원의 전문의 진료도 쉽게 받을 수 있다. 그러다 보니 1차의료가 정립되지 않았고, 의료 전달 체계도 후진성을 면치 못하고 있다. 이는 국민의 건강 관리가 비효율적이고 의료비 상승을 부추기는 결과를 가져왔다. 따라서 1차의료가 정립되어야 효율적인 의료 체계와 정상화된 의료 현장, 현실적인 의료비 책정 등 다양한 의료 문제를 해결할 수 있다.

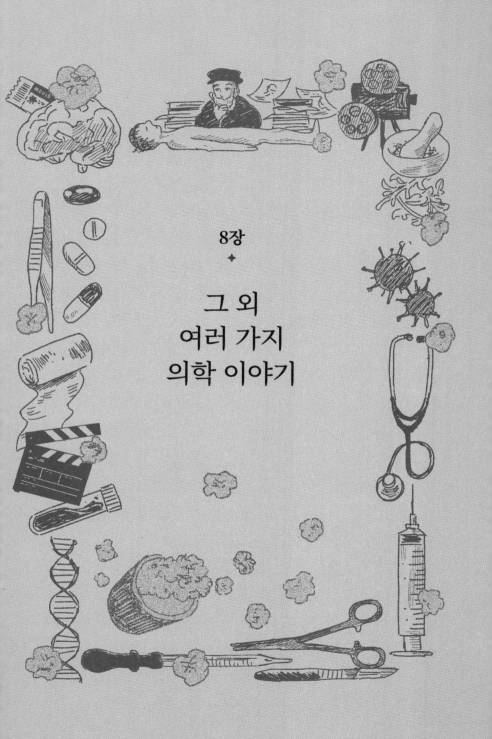

8장
◆

그 외
여러 가지
의학 이야기

세종이 당뇨를 앓지 않았다면
역사가 바뀌었을까?

✦

〈나랏말싸미〉

최고의 성군으로 칭송받는 세종(1397~1450)은 여러 가지 질환을 앓았다고 전해진다. "한 가지 병이 겨우 나으면 또 한 가지 병이 생김으로 인해 짐의 쇠로함이 심하다"라며 한탄할 만큼 걸어다니는 종합병원이었다고 한다. 세종은 당뇨로 인한 안질을 비롯하여 두통, 이질, 부종, 풍증, 수전증, 임질, 피부병, 위장병 등 다양한 병을 앓았다. 한글 창제의 숨은 야사를 다룬 〈나랏말싸미〉(2019)에서는 술은 독이며, 이대로 계속 과로하면 시력을 잃을 것이라고 어의가 세종에게 경고하는

영화 〈나랏말싸미〉의 장면. 당뇨 합병증으로 시력을 잃어가는 세종의 모습을 담고 있다.

장면이 나온다.

《동의보감》에서는 당뇨를 소갈증消渴症이라고 해서 몹시 쇠약해지고 목이 마르는 병증이라고 기록한다. 물을 많이 마시고, 식욕은 왕성하지만 살은 빠지는 병이다. 현대 의학에서는 당뇨가 심해졌을 때 나타나는 3대 증상을 '3P'라고 하는데, Polydipsia(갈증), Polyphagia(과잉 식욕), Polyuria(다뇨)다. 히포크라테스는 이런 증상을 가진 사람들의 오줌에는 개미가 꼬일 정도로 단맛이 난다고 했다. 그래서 그리스어의 'Diabetes(다뇨)'와 'Mellitus(달다)'를 합쳐서 당뇨를 'Diabetes mellitus'라고 부른다. 다뇨증을 가진 병은 당뇨 말고도 뇌하수체의 항이뇨호르몬이 분비되지 않아 소변을 많이 누고 그로 인해 갈증이 심해지는 병인 요붕증Diabetes insipidus도 있다. 영어권 영화를 보다 보면 등장인물들이 당뇨 얘기를 하며 '다이아베테스Diabetes'라는 표현을 쓰는 것은 사실 잘못된 거다. 다이아베테스는 '다뇨'라는 뜻이고, 그와 관련된 병은 당뇨와 요붕증 등 몇 가지가 모두 포함되기 때문이다. 영어를 쓰는 그들에게도 '다이아베테스 멜리투스'라는 말은 어렵기 때문인가 보다.

우리 몸은 포도당을 에너지원으로 삼기 때문에 핏속에 늘 일정양의 포도당이 돌아다녀야 한다. 정상적인 상태에서 몸은 혈중 농도를 항상 100mg/dl 선에서 유지하는데, 당뇨에 걸리면 이 항상성이 깨져서 수치가 높아진다. 어릴 때부터 생기는 당뇨는 1형 당뇨로, 유전적 경향이 강하며 이자(췌장)에서 인슐린 분비 기능이 현저히 떨어지면 생긴다. 그래서 처음부터 인슐린 주사로 치료한다. 2형 당뇨는 성인이

된 후 건강이 나빠지거나 노화로 인해 생기는 것이라, 이자의 인슐린 분비 기능은 남아 있으므로 높은 혈당만 낮추면 된다. 인슐린 주사보다는 경구용 당뇨약으로 치료한다. 그 약들은 췌장에서 인슐린 분비를 촉진하거나, 포도당이 덜 만들어지게 하거나, 포도당이 조직에 잘 흡수되도록 한다.

세종은 2형 당뇨였을 것으로 보인다. 한글을 창제할 때쯤에는 아마 눈이 침침해서 글자를 볼 수 없을 지경이지 않았을까 싶다. 이는 당뇨 합병증인 당뇨성 망막병증 때문이다. 당뇨 조절이 안 되면 미세혈관이 많이 분포한 망막, 콩팥의 사구체, 신경에 손상이 일어난다. 당뇨성 망막병증을 얻으면 시력이 점점 떨어지다가 실명할 수도 있고, 당뇨성 콩팥병증으로 진행하면 신부전이 되어 투석이나 콩팥 이식이 필요하다. 당뇨성 신경병증이 생기면 손이나 발끝이 저리는 증상이 생겨서 상당히 괴롭고, 상처가 났을 때 잘 치료가 안 된다. 궤양이 생기면 발을 절단하기도 하는데, 이를 당뇨성 발이라고 한다.

췌장의 기능을 정확히 모르던 시절, 독일의 폴 랑게르한스가 랑게르한스섬을 발견한 후로 의학자들이 췌장을 연구하기 시작했다. 췌장을 떼어낸 개가 심한 갈증에 시달리고 개의 오줌에 파리나 개미가 꼬이는 것을 보면서 췌장이 혈당 조절에 중요한 기관이라는 것이 밝혀졌다. 그 기능을 하는 호르몬을 발견하는데, 이것이 바로 인슐린이다. 1921년에는 캐나다 토론토대학병원의 외과 의사 프레더릭 밴팅과 제자인 찰스 베스트가 소의 췌장을 으깨어 1그램도 안 되는 인슐린을 처음으로 분리해냈다. 이를 당뇨 환자들에게 주사하자 혈당 수치가 떨어졌다. 1970~1980년대 들어서 유전학과 생명공학의 발달로, 인슐린을 대량 합성하여 임상에서 활발하게 이용하게 되었다.

대표적인 만성질환인 고혈압이 그렇듯, 당뇨도 완치라는 개념이 없다. 합병증으로 진행되면서 나빠지지 않도록 계속 조절하고 관리해야 한다. 그러기 위해서는 혈당 관리가 가장 중요한데, 적절한 식사는 포도당 수치를 안정되게 만들고 운동은 과도한 포도당을 소비시키는 역할을 하기 때문에 당뇨가 있다면 꾸준히 관리를 잘해야 한다. 1형 당뇨는 유전성이므로 유전자 분석을 하지 않는다면 미리 알 방법은 없다. 하지만 2형 당뇨는 건강관리를 잘하면 늦추거나 오지 않게 할 수도 있다. 세종이 육식을 줄이고 꾸준한 운동으로 건강을 유지해서 더 오래 살았다면 조선의 역사가 달라지지 않았을까?

영화나 드라마에 당뇨를 앓는 환자가 인슐린 주사를 놓는 장면이 나온다. 대부분 주사기를 들고 팔뚝이나 배에 근육 주사 놓듯이 푹 찌르는데, 이는 잘못된 방법이다. 근육 주사는 수직으로 찌르지만, 인슐린 주사는 살갗을 살짝 잡아 올려서 피부의 피하층에 주입해야 하는 피하 주사다. 피하 주사나 피내 주사는 비스듬히 찔러서 피부로 진입해야 한다.

중금속 중독으로 벌어들인
자본은 행복할까?

◆

〈에린 브로코비치〉, 〈삼진그룹 영어 토익반〉, 〈다크 워터스〉, 〈공기살인〉

영화 〈에린 브로코비치〉(2000)의 주인공 에린은 두 번의 이혼을 겪고 아이 셋을 키우는 고졸 여성이다. 직장을 구하기 위해 수십 군데를 알아보다가 변호사 사무실에 우격다짐으로 취직한다. 어느 날 에린은 서류 정리를 하다가 전력 회사에 부동산을 매각하는 서류 사이에 '백혈구 수치 이상, 염증이나 백혈병일 때 나타나는 현상임'이라는 병원의 소견서를 발견한다. 이상하게 여긴 에린은 기록의 주인을 찾아가고, 마을 사람들이 암을 비롯해 여러 질환에 시달리고 있다는 공통점을 발견한다. 에린은 주민들을 설득해서 언제 끝날지도 모르고, 질 확률마저 높은 대기업과의 전쟁을 시작한다. 영화는 당시 미국의 법정 소송 역사에서 최고 보상액을 받아낸 실화를 바탕으로 하고 있는데, 1992년 PG&E의 크로뮴 중금속 오염 문제를 다루었다.

한편 〈삼진그룹 영어 토익반〉(2020)은 1991년 두산전자의 낙동강 페놀 유출 오염 사건을 바탕으로 한다. 고졸이라는 이유로 능력이 있어도 진급을 못 하는 여성 셋이 대리로 진급하기 위해 토익 600점을

영화 〈에린 브로코비치〉의 한 장면(왼쪽). 에린 브로코비치가 소비자 보호 운동을 하는 장면(오른쪽).
에린 브로코비치는 중금속 중독 문제를 파헤치며 대기업과 법정 소송을 벌였고, 나중에는 환경 운동가
로 활동한다.

목표로 모이지만, 자신들이 몸담은 기업에서 비 오는 날마다 엄청난
양의 페놀을 방류하고 있으며, 그 사실을 감추기 위해 보고서까지 조
작한 것을 알고 범인을 찾아나선다. 실화를 모티브로 삼았지만, 영화
와 달리 실제로는 대구광역시의 많은 시민들이 피해를 입었고, 두산
의 회장이 사퇴하는 것으로 마무리되었다.

크로뮴(크롬)은 금속류 중 비소As, 카드뮴Cd, 수은Hg, 납Pb과 함께
몸에 유해하게 작용해서 질환을 일으키는 중금속이다. 이런 중금속은
산업혁명 이후 생겨난 물질로 공업화의 산물이다. 이제는 중금속에
중독되면 얼마나 치명적인지 알지만, 사실 그 역사가 오래되지는 않
았다.

1956년, 일본 구마모토현 미나마타에 있는 화학 공장 인근에 사
는 한 소녀가 경련을 일으켜 병원에 입원하게 된다. 알고 보니 주변
의 여러 사람이 비슷한 증상을 앓고 있었다. 역학 조사 결과, 오랜 기
간 공장의 화학 공정 작업에서 촉매로 사용하던 수은이 다른 화합물

과 결합해서 인근 바다로 흘러나갔던 것이다. 그 바다에서 잡은 어패류를 섭취한 주민뿐만 아니라 동물들도 경련이나 신경학 증상을 일으켰다. 이것이 유명한 미나마타병이다. 한국에서 직업병을 널리 알리는 계기가 된 1988년의 문송면 사망 사건도 수은 중독에 의한 것이다.

한편 일본에서 발견되어 전 세계로 알려진 중금속 중독 사건이 또 있다. 이타이이타이병으로, '이타이'는 '아프다'는 뜻이다. 광업소에서 버린 광물에 들어 있던 카드뮴이 땅으로 흘러들어갔고, 이를 흡수한 농작물을 먹은 사람들이 병에 걸렸다. 카드뮴에 중독되면 뼈연화증이나 뼈의 기형적 성장과 골절 등의 위험이 생기고 합병증으로 일찍 사망하기도 한다. 이 병도 1950년대에야 알려졌다.

크로뮴은 대사 작용에 참여하거나 인슐린 활성화 등에 관여하므로 결핍되면 안 되는 미량 원소다. 이렇게 유익한 크로뮴(3가)이 있는가 하면, 공장에서 버려지는 크로뮴은 6가로 피부 문제는 물론 호흡기나 간, 콩팥에 손상을 주고 코중격에 구멍이 나는 등 부작용을 비롯해 암을 유발하기도 한다.

화학물질을 생산하는 거대 회사와의 오랜 법정 소송을 다룬 영화 〈다크 워터스〉(2019)는 화학계 기업을 담당하는 대형 로펌의 변호사인 롭이 거대 글로벌 기업인 미국의 듀폰 사를 상대로 20년간 싸운 이야기다. 듀폰 사는 최근까지도 각종 코팅제로 사용되는 테플론이라는 유기화합물로 엄청난 수익을 올렸다. 테플론은 PFOA(과불화옥탄산)라는 합성 물질에서 나온 것인데, 처음 개발될 때는 너무 단단하고 분해되기 어려운 화합물이라 2차대전 때 탱크 방수 처리용으로 사용했다. 탄소 8개가 연결된 화합물이라 C8로도 불린다. 그 후로는 프라이 팬부터 장난감, 의류, 자동차, 콘택트렌즈, 종이컵 등 온갖 제품의 코팅에 이용되었다. 테플론은 신장암, 고환암, 갑상샘 질환, 자간전증(임신 20주 이후 고혈압과 단백뇨가 생기고 경련이나 발작을 일으키는 병), 이상지질혈증(고지혈증), 궤양성 대장염 등 6개 질환과 관련이 있다고 규명되어 있다.

　　사실 이 영화를 보면 우리나라의 가습기 살균제 사건이 떠오른다. 거대 글로벌 기업, 정부의 안일한 대응, 시민들의 힘겨운 투쟁까지 여러 면에서 닮은꼴이다. 1994년경부터 집집마다, 병원이나 요양원마다 가습기가 유행할 때, 가습기를 깨끗하게 청소해주는 살균 제품이 판매되기 시작했다. 2006년 초, 어린이나 산모가 원인 모를 폐섬유화증 등 중증 호흡부전을 앓고 있다는 보고가 나오면서 의학계의 관심이 모아졌다. 대한소아청소년과를 중심으로 보건복지부와 질병관리본부에 사례를 보고했지만, 살균제가 감염 원인이 아니라며 더 이상 조사하지 않았다.

　　환자와 사망자는 계속 늘어가는데, 제품의 판매 금지 조치는 '가습기 살균제 사건과 4.16 세월호 참사 특별조사위원회'가 꾸려지고 나서야 이루어졌다. 원인 규명에 들어가기 시작한 것은 2018년 3월이지만 아직까지 진상 규명도 제대로 안 되고, 피해자 보상도 축소되어 이루어졌다. 가습기 살균제로 인한 사망으로 인과성이 인정된 사례는 2021년 1월 기준으로 997명뿐이고, 수십만 명의 사람들이 호흡기 질환을 여전히 앓고 있다. 실제 관련 사망자로 추정되는 인원만 1만 4,000명 정도다. 이 사건은 회사 측에서 여전히 부정하고 있어서 아직도 소송을 벌이고 있다.

나는 2000년부터 서울 구로동에서 동네 병원을 열고 주민들을 진료했다. 겨울이 다가오면 아이들을 걱정하는 부모들이 가습기를 사용하는 게 좋은지, 청소는 어떻게 해야 하는지 등의 많은 질문을 해왔다. 호흡기 질환이 늘어나다 보니 그만큼 가습기 제품에 대한 관심이 많았던 것이다. 인위적인 것은 화장품이나 향수조차 싫어하는 내 성격 탓도 있지만, 웬만하면 인공적인 것은 쓰지 않는 게 좋으니 물로만 청소해도 된다는 얘기를 해준 기억이 난다.

손녀를 데리고 자주 찾아왔던 할머니가 한번은 근심 가득한 얼굴로 혼자서 내원했다. 항상 손녀를 데리고 왔던 터라 나는 "예쁜 공주님은 요새 안 보이네요?" 하고 물었다. 갑자기 할머니는 눈물을 왈칵 쏟아내며, 손녀는 병원에 입원해 있다가 얼마 전에 죽었다고 한다. 가습기 살균제 때문이었다. "며느리가 그렇게 깔끔 떨면서 살균제니 뭐니 매일 집어넣고 가습기를 틀다가 변을 당했지 뭐예요." 천식도 아닌데 계속 기침이 멈추지 않자 대학병원에서 여러 검사를 받은 결과 손녀는 폐섬유증을 진단받았다. 호흡기를 달고 살다가 폐렴도 여러 번 걸렸는데, 결국은 호흡곤란으로 세상을 떠났다고 한다. 이렇듯 세상을 떠들썩하게 했던 가습기 살균제 사건은 많은 의사들이 직·간접으로 경험한 일이었다.

사태의 심각성을 주장했는데도 살균제의 유해성이 늦게까지 공표되지 않음으로써 그 피해는 더 커졌다. 당시 국내에 판매된 가습기 살균제 종류는 총 48종으로, 가장 많이 사용되면서 큰 피해를 입혔던 성분은 PHMG(폴리헥사메틸렌 구아디닌)였다. 살균 효과가 있으면서 피부 자극은 덜해 수영장이나 정화조 청소에 많이 쓰이던 원료다. 문제는 흡입 독성에 대해서는 제조 회사도, 허가를 내준 정부도 아무런 조사를 하지 않았다는 점이다. PGH(염화올리고에톡시에틸구아니딘), CMIT(클로로메틸이소티아졸린)-MIT(메틸이소티아졸린), BKC(염화벤잘코늄) 등은 유럽연합이나 미국환경보호국EPA에서 오래전부터 인체 유해성이 있으며 호흡기로 들어가면 위험하다고 경고했지만, 일부 회사는 그 사실을 알았으면서도 은폐했다. 시장에서 반응이 좋고, 매출이 꽤 괜찮았기 때문에 전 국민에게 계속 상품을 판매했다. 영화 〈공기살인〉(2022)은 바로 이 가습기 참사 문제를 다룬다. 대학병원의 외과 의사인 태훈의 아들은 수영을 좋아했는데 기침을 자주 하다가 급성 간질성 폐 질환으로 입원하고, 아내는 갑작스러운 호흡곤란으로 숨진다. 부검 결과, 아내 역시 간질성 폐 질환이었다. 허파꽈리 사이를 채우고 있는 부드러운 조직을 '간질'이라고 하는데, 이것이 오랜 염증으로 섬유화되어 딱딱해진다. 태훈은 비슷한 사례를 찾아내어 전문가를 만나면서 가습기 살균제의 성분으로 인한 문제임을 알게 된다. 그 후 길고 어

영화 〈공기살인〉 포스터.

려운 법정 싸움이 시작된다.

모든 참사가 그렇듯이 가습기 살균제 사건도 정부의 무성의와 무관심이 더 큰 재앙을 낳았다. 시민들이 직접 살균제 화학 성분의 유해성을 공부해가면서 소아청소년과나 산업의학 전문 의사의 도움을 받아 문제를 제기했지만, 환경부는 부실하게 심사했고 가습기 살균제의 성분이 유독물질이 아니라고 공식적으로 발표해버렸다. 보건복지부는 원인 미상의 폐렴이 심상치 않게 발생하는데도 초기 역학 조사를 미뤘고, 법무부는 수차례의 고소·고발에도 기소중지로 일관했다. 산업통상자원부, 고용노동부, 기획재정부, 공정거래위원회와 소비자보호원이나 감사원 등 모든 정부 기관에서 비협조와 겉핥기식 대응으로 피해자들의 절규를 무시했다. 참사의 대응은 어느 정부든 가릴 것 없이 한결같았다.

비단 가습기 살균제뿐일까? 1년도 채 안 되어 승인된 코로나19의 백신 부작용과 갑작스러운 사망에 대해서도 정부는 인과성을 강조하면서 피해자 수를 최소화하는 데만 급급했을 뿐, 국민의 이야기를 듣고 먼저 책임지려는 모습은 보이지 않았다. 세계보건기구와 다른 나라에서는 환경이나 독성 물질에 의한 피해는 지나치게 인과성을 따지지 말아야 한다는 지침까지 있는데 말이다. 시민의 안정에 대해서는 정부가 발 벗고 나서서 선제적으로 대응하면 안 되는 걸까? 국민이 각자도생의 불안에서 벗어나 정부를 믿고 안심하며 살아갈 수 있도록 말이다.

성 확정은
누가 하는 걸까?

◆

〈대니쉬 걸〉, 〈판타스틱 우먼〉, 〈XXY〉

〈대니쉬 걸〉(2016)은 1920년대에 실존했던 덴마크의 풍경화 화가 릴리 엘베의 이야기를 바탕으로 한 영화로, 릴리는 세계 최초로 성 확정 수술을 받은 트랜스젠더 화가다. 에이나르 베게너는 어느 날 인물화를 그리는 아내 게르다한테 자리를 비운 모델 대신 대역을 해달라는 요청을 받는다. 그는 발레리나의 의상을 입고 포즈를 취하고, 이전에 한 번도 느껴본 적 없는 왠지 모를 감정에 휩싸인다. 정체성을 고민하던 그는 점차 여성이 되고 싶다는 강한 욕구를 느끼면서 여장한 채 모임에 나가기도 한다. 갈등하던 아내 게르다도 남편의 선택을 존중하게 되고, 에이나르는 성 확정 수술을 받고 완벽한 여성, 릴리 엘베가 된다. 성 확정 수술을 1930년대에도 했었다고 하니 놀라울 따름이다.

칠레 영화 〈판타스틱 우먼〉(2017)은 낮에는 웨이트리스, 밤에는 재즈바에서 가수로 활동하는 마리나의 이야기다. 축복받아야 할 생일에 연인인 오를란도를 잃지만, 사랑하는 사람의 죽음을 슬퍼할 겨를도 없이 용의자로 취급받는다. 트랜스젠더라는 이유로 마리나는 의심을 받고, 세상의 편견에 맞서 싸운다. 트랜스젠더는 주변의 시선과 여러 가지 이유로 자살 충동이 일반인의 20배가 넘고, 자살 시도는 일반인의 10배 정도 많다고 한다. 그리고 여러 종류의 의학적 처치가 필요하지만, 이들을 위한 의료기관은 많지 않다. 최근에는 성소수자의학이 필요하다는 의식이 생겨서 관련 병원이 생기고 있다.

한편 영화 〈XXY〉(2007)는 클라인펠터증후군으로 남성과 여성의 성을 모두 갖고 태어난 알렉스의 이야기다. 부모는 주변의 호기심으로부터 아이를 보호하기 위해 외딴 어촌에서 살지만, 아이가 사춘기에 이르자 하나의 성을 결정해야 하는 고민에 빠진다. 알렉스는 부모에게서 하나의 성을 강요받고 성 확정 수술을 한다.

생물은 모두 유전체를 가지고 있어서 자신의 형질을 다음 세대에 물려준다. 사람은 23쌍(46개)의 염색체에 유전 정보를 가지고 있는데, 난자와 정자가 수정되면 23개씩 부모로부터 물려받는다. 이 중에서 성을 결정하는 염색체는 1쌍으로, 여성은 XX, 남성은 XY 염색체를 가진다. 하나의 난자는 하나의 정자와 만나 수정한다. X나 Y 성염색체를 가진 정자 하나가 각 난자에 결합한 후 합쳐진 수정란이 분화되면서 '46, XX' 혹은 '46, XY'라는 성염색체를 갖는다. 자라면서 여성으로 결정된 사람은 여성의 생식기와 젖가슴이 발달하며, 남성은 목소리가 굵어지고 수염이 나고 남성 생식기가 발달한다. 이렇게 유전에 의해 결정된 것이 생물학적 성sex이다.

하지만 유전학적으로 여성과 남성만 있는 건 아니다. 예를 들어 클라인펠터증후군은 염색체가 XXY형이다. XY 염색체에 X 염색체가 하나 더 붙어서 겉으로는 남성처럼 보이지만 여성성이 나타나기도 한다. 성기는 정상이지만 고환이 발달하지 않아 불임이 되거나, 젖가슴이 커지면서 여성형 유방을 보이기도 한다. 1942년에 처음 발표되었고, 1959년에 이 질환의 원인이 성염색체 이상이라는 것이 알려졌다. 아동기에는 특이한 점이 발견되지 않다가 청소년기를 지나면서 문제를 발견하는 경우가 많다.

이들은 대체로 지능이 조금 떨어지는 편이고, 생식 능력에 문제가 있으며, 뼈가 약해지고, 유방 종양이나 고환 종양이 생기기 쉽다. 염색체를 바꿀 수는 없으므로, 대개 나중에 질환이 발생했을 때 치료한다. 사회생활에 적응하도록 돕는다든지, 호르몬 검사나 골다공증 검사를 통해 이상이 있으면 해결하고, 유방암이나 고환암 발생을 미리 측정하거나 치료한다.

모호한 성을 갖는 이들을 인터섹스Inter-sex라고 하며, 과거에는 허마프로디티즘Hermaphroditism, 허마프로다이트Hermaphrodites라 불렀다. 우리말로는 간성間性이나 반음양이라고 한다. 암수한몸(자웅동체)도 비슷한 표현이지만, 이 말은 사람이 아닌 동물이나 식물에 쓰기 때문에 적절하지 않다. 허마프로다이트는 그리스의 신 헤르메스와 아프로디테 사이에서 태어난 아들인 헤르마프로디토스의 이름에서 유래했다. 외모가 출중한 그를 사모하던 요정이 한몸이 되게 해달라고 빌자 젖가슴을 가진 남자가 되었다는 신화에서 비롯되었다. 해부학이나 유전학이 발달하지 않은 옛날에는 외부로 드러난 모습만 보고 구체적인 구분 없이 단순히 여성과 남성이 섞여 있다고 표현했다.

헤르메스와 아프로디테의 아들인
헤르마프로디토스.

세종이 사랑한 천문학자 이순지. 조선 시대 사관들의 기록을 보면, 그의 딸은 남편이 죽자 노비와 오랫동안 정을 통해서 큰 문제를 일으켰다고 나온다. 그 노비는 여성과 남성의 생식기를 모두 가지고 있었는데, 어릴 때부터 여자 행세를 하며 사대부의 집을 들락거렸다고 한다. 조선 시대에는 이들을 사방지舍方知라고 불렀다.

전형적으로 난소가 있는 사람은 여성의 외부 생식기를, 정소가 있으면 남성의 외부 생식기를 가지고 있어야 하지만, 간성의 경우에 생물학적 성을 결정하는 내·외부 생식기가 섞여서 존재한다. 간성인 반음양인은 크게 진성 반음양과 가성 반음양으로 나뉘고, 이들은 각각 세 가지 형태로 구분된다. 진성 반음양은 몸 안에 난소가 하나 있으면서 음낭으로 내려오지 않은 정소도 동시에 가지고 있다. 몸 밖에도 남성과 여성의 생식기를 모두 가지고 있는데, 주로 남성 생식기가 두드러지고 여성 생식기는 남성의 것에 요도하열(남성 생식기 아랫부분에 요도가 만들어지는 것)처럼 미세하게 나타난다고 한다. 염색체형은 대부분 46, XX이고, 일부만 47, XXY다. 이와 달리 난소는 있으나 정소가 없는데 남성 생식기를 가져 남성처럼 보이는 사람도 46, XX 염색체형으로 나타난다. 반대로 정소가 있으면서 여성 생식기를 가져 겉으로는 여성처럼 보이지만 유전자 검사로 46, XY로 나오는 형태도 있다. 이것도 가성 반음양으로 구분한다.

과거에는 진성 반음양과 가성 반음양은 드러낼 수 없는 비밀이었기에 정확한 통계는 없다. 최근 자료에 따르면 태어나는 아이들의 5퍼센트 내외가 진성 반음양으로 조사된다고 하니 아주 희귀한 편은 아니다. 미국의 성 전문가 앤 스털링(1944~)은 1993년에 인간의 생물학적 성을 5개로 구분했다. 여성인 F, 남성인 M, 진성 반음양을 Herms로, 난소를 가진 가성 반음양은 Ferms(Female Hermaphrodites의 줄임)로, 정소를 가진 가성 반음양은 Merms(Male Hermaphrodites의 줄임)로 부르자고 주장하여 현재 통용되고 있다. 외부 성기 모양이나 생식소 혹은 자신이 원하는 성에 따라 수술의 도움을 받기도 한다.

세계보건기구나 미국정신의학회에서는 성발달장애를 하나의 질환군으로 기록하고 있는데, 체육 선수나 작가 등 유명한 사람 중에서도 이 증후군에 해당되는 사람이 적지 않다. 최근 관심이 높아져서 국제사회에서도 인권 문제로 바라보고 있으며, UN 산하 고등인권기구에서는 이들을 남성이나 여성 중 어느 하나로만 규정하지 않도록 권고하고 있다.

의학이 발전하면서 성의 구분은 더 복잡해졌다. 성 정체성뿐만 아니라 생물학적 성조차도 모호한 경우가 많은데, 이들을 여성 혹은 남성으로만 구분할 수 있을까? 타고난 생물학적 성과 다른 성을 원하는 것을 사회적 성, 즉 젠더라고 한다. 관습적인 여성과 남성의 구분에서 벗어나 젠더에 대한 자각이 신체 성별과 반대인 경우에 트랜스젠더라고 하고, 성 정체성이 자신의 신체 성별과 일치하면 시스젠더라고 한다. 트랜스젠더들은 신체적 성 특징을 그대로 유지하기도 하지만, 요즘은 의학 기술을 이용해 젠더에 맞게 호르몬 주사를 맞거나 젖가슴이나 성기 혹은 자궁을 수술하기도 한다. 흔히 성전환 수술이라고 알려졌지만, 정확하게는 성 확정 수술 혹은 성 재배치 수술Sexual Reassignment Surgery, SRS이라고 한다. 자신이 바라는 성으로 돌아가는 것이지, 바꾸는 것이 아니기 때문이다.

동성애를
어떻게 바라봐야 할까?

◆

**〈브로크백 마운틴〉, 〈작전명 히아신스〉, 〈프레이 어웨이〉,
〈카메론 포스트의 잘못된 교육〉, 〈보이 이레이즈드〉**

가끔 멀리서 트랜스젠더들이 성호르몬 주사를 맞으러 제주도에 있는 우리 병원으로 찾아온다. 편하게 얘기를 나누거나 주사를 맞을 만한 병원을 찾지 못해서다. 트랜스젠더는 일상생활뿐만 아니라 병원에서 진료를 받는 데도 어려움을 겪는다. 생물학적 성은 남자인데 여성처럼 보이는 환자가 갑자기 찾아오면 경험이 없는 의사들은 당황해서 난색을 표할 수밖에 없다. 그래서 자기들끼리 커뮤니티를 형성해 진료받기 편안한 병원을 안식처로 삼고, 안심하고 다닐 수 있는 병원 정보를 서로 공유하기도 한다. 나는 이 방면의 전문가는 아니지만, 이들을 돕는 동료 의사의 추천으로 나를 찾는다.

같은 성에 대해 끌리는 느낌이나 다른 성에 대한 동경으로 성전환을 원하는 것은 소수가 가지는 성 지향이라서 '성소수자'라고 한다. 물론 굳이 성소수자라고 지칭할 필요가 있는지 반문하는 사람도 있다. 키 큰 사람, 키 작은 사람, 마른 사람, 뚱뚱한 사람, 얼굴이 검은 사람, 하얀 사람 등 각양각색의 사람들이 있지만, 그들을 굳이 어떤 집단으로 묶지는 않는다. '아, 저 사람은 키 작은 사람 족속이네'라고 따로 분류하지 않듯이, 성 정체성 역시 그렇다는 말이다.

레즈비언, 게이, 양성애자, 트랜스젠더를 아울러서 LGBT라고 부른다. 간혹 성 정체성이 다소 불분명한 경우를 일컫는 퀴어Queer를 덧붙여서 LGBTQ라고도 한다. 이들은 정신의학 분야에서 오랫동안 성도착증 환자로 취급되었다.

동성애의 역사는 길고도 깊다. 그리스 신화에서는 빼어난 용모를 지닌 소년 가니메데스를 제우스가 납치해서 술 시중을 들게 했고, 이를 부인 헤라가 질투했다고 한다. 고대 그리스에서는 성인과 소년 간의 사랑을 터부시하지 않았고, 오히려 높은 신분에서는 당연한 일이었다. 당시 연극이나 서사시에도 자주 등장하는 소재였다. 기원전 6세기경, 그리스 시인 사포는 고향인 에게해의 레스보스섬에서 많은 여성을 데려다가 시를 읊기도 하고 철학을 교류하면서 여성들만의 학파를 이루었다. 그러자 사람들은 섬의 이름을 따서 그 학파 사람들을 레즈비언이라고 불렀다.

고대 로마에서는 그리스처럼 성행하지는 않았으나, 강제 추행 등의 문제가 되는 경우를 제외하고는 성소수자를 탄압하지 않았다. 고대 이집트, 인도, 중국, 이슬람권에서도 동성애에 관한 이야기가 전해 내려오고, 벽화나 도자기에도 관련 그림이 발견된다. 삼국시대와 고려시대에도 남성들 간의 애정 이야기가 전해지지만, 손가락질을 받거나 벌을 받았다는 기록은 없다. 유교를 받아들이면서 성소수자들을 죄인처럼 취급하기 시작했던 것이다.

성서를 보면 〈창세기〉에 소돔과 고모라의 이야기에 문란한 풍속으로 동성애를 언급했고, 〈레위기〉에는 근친상간 등의 문제와 더불어 "(남자가) 여인과 동침하듯 남자와 동침하면 둘 다 가증한 일을 행함인즉 반드시 죽일지니 자기의 피가 자기에게로 돌아가리라"며 남성 간 동성애를 죄로 여겼다. 〈고린도전서〉에서 예수는 술 취하는 자나 우상 숭배하는 자, 간음이나 욕정을 밝히는 자, 남성끼리 동성애하는 자들은 하느님의 나라로 들어갈 수 없다고 말한다. 모두 동성애는 하느님의 뜻이 아니며 죄악이라는 의미다.

그렇기에 서양에서 성소수자들에 대한 탄압이 본격적으로 시작된 것은 로마가 기독교를 받아들인 후였다. 이후 중세 사회와 근현대에 이르기까지 상황은 지속되었다. 특히 유대인과 집시를 학살한 나치는 동성애자에 대한 탄압이 더 극심했다. 이슬람 문화에서는 동성애를 좋지 않게 여기는 내용이 《꾸란》에 실려 있어도 성소수자에게 관대했다고 하는데, 서구 제국주의의 지배를 받으면서 그들의 영향을 받아 죄인으로 취급하기 시작했다. 이렇듯 동성애를 배척하면서 혐오는 깊어졌고 그들에게 무자비한 폭력을 휘두르곤 했다.

오랜 인류의 역사에서 동성애자들이 존재했고 어떤 상황에서도 사라지지 않고 유지되고 있다면, 그것 역시 자연스러운 것으로 받아들이고 인정해야 하지 않을까? 동성애가 인간에게만 있는 비정상적인 행위이고, 신이 창조한 질서에 위배되기 때문에 없어져야 할까? 생물학 관련 보고서에 따르면, 동물도 동성애 경향을 띠는 경우가 많다

1482년 취리히의 동성애자 화형식을 그린 삽화. 스위스 연대기를 작업한 디볼트 쉴링(Diebold Schilling)가의 장남 작품이다.

고 한다. 돌고래나 기린, 코끼리와 같은 포유동물들은 물론 고니나 청둥오리 같은 조류도 양성애 성향이 있다. 게다가 동성애자에 대한 편견과 박해는 박애와 사랑을 설파하는 종교의 논리에도 맞지 않는다. 있는 그대로, 하고자 하는 그대로 인정하고 차별하지 않는 것이 우주의 창조 질서가 아닐까 한다.

동성애자에 대한 핍박이 공식적으로 모든 나라에서 사라지고 있지만, 얼마 전까지만 해도 일상적으로 차별하고 혐오했다. 이런 상황을 그리는 영화도 많다. 영화 〈브로크백 마운틴〉(2005)에서는 만년설로 뒤덮인 브로크백의 아름다운 풍경과 게이의 우정을 다루면서 그

● 〈작전명 히아신스〉의 한 장면.
●● 〈프레이 어웨이〉의 한 장면.
●●● 〈보이 이레이즈드〉의 한 장면.

들에 대한 무자비한 폭력이 용인되는 사회가 그려졌다. 폴란드 영화인 〈작전명 히아신스〉(2021)는 1980년대 폴란드가 동성애자들을 국가 차원에서 탄압했던 실상을 고발했다. 당시 공산국가였던 폴란드는 히아신스 작전을 통해 대대적으로 동성애자를 체포해서 죽였다고 한다. 그리스 신화에서 아폴론이 사랑했던 미소년 히아킨투스Hyacinthus를 애도하여 꽃으로 만든 것이 히아신스다.

다큐멘터리 영화 〈프레이 어웨이〉(2021)는 미국 교회에서 행해지는 동성애자들을 '정상'인 이성애자로 만드는 교정 프로그램의 문제점과 거짓을 고발한다. 이 다큐멘터리가 나오기 바로 직전에 상영된 〈카메론 포스트의 잘못된 교육〉(2018)은 동성애자라는 이유로 교회의 치료 센터에 강제 입소하게 된 카메론과 함께 지내는 청소년들의 이야기를 다루고 있다. 한편 교회의 동성애자 전환 사업의 문제를 다룬 〈보이 이레이즈드〉(2018)는 니콜 키드먼이 교회를 신봉하는 어머니로, 러셀 크로가 아버지이자 목사로 나오면서 게이인 아들을 선도하려는 이야기를 담았다. 전환 사업을 맡은 사람은, 남자들에게는 남자다움과 고된 육체 훈련 및 강인함을, 여자들에게는 여자다움을 주입시키면서 그들의 성 정체성을 바꾸려고 한다. 교육받는 아이들은 겉으로는 달라진 것처럼 보이지만 아무도 달라지지 않는다.

의학에서도 오랫동안 이들을 문제 있는 인간으로 바라보았고 치료의 대상으로 여겼다. 미국정신의학회가 주축이 되어 1952년에 처음 발간한 《정신장애의 진단 및 통계 편람DSM》에서도 이들을 정신질환을 가진 성도착증 환자로 다뤘다. 그러다가 가장 최근에 편찬된 개정판(2013년 판)부터는 병이나 질환이 아니라고 판단하여 질환 항목에서 뺐다. 이는 16세기 네덜란드 의사인 요하네스 위어Johannes Wier가 정신질환자는 귀신 들린 사람이나 마녀가 아니라 정신이 아픈 사람이라고 주장한 것이나, 18세기에 정신질환자들의 족쇄를 푼 프랑스 정신의학자 필리프 피넬처럼 혁명적인 변화였다. 지금 정신의학에서는 오히려 성소수자들이 겪는 고통이나 우울감 등에 대한 의학적 진단과 적절한 치료가 절실하다고 본다. 세계보건기구에서는 《국제질병분류 10판》(2018)에서 트랜스젠더 관련 항목을 전부 삭제했으며, 성소수자에 대한 사회적 인식 개선과 더불어 더 나은 의료 서비스가 필요하다고 강조한다.

대한민국 헌법 제11조에는 시민에 대해 어떠한 차별도 금지하고 있지만, 그 구체적 내용과 방안을 담은 법률인 '차별금지법'은 우리나라에서 20년 가까이 통과되지 못하고 있다. 그러다 보니 종교나 인종의 차이, 성소수자 등에 대한 혐오 범죄(증오 범죄)에 대한 정의도 정립되지 않았고, 통계조차 파악되지 않는다. 미국과 영국, 독일 등 선진 외국에서는 법률을 만들어 포괄적으로 대응하고 있는 것을 보면 우리나라는 아직 갈 길이 멀다.

늙지 않고
영원히 살 수 있을까?

◆

〈벤자민 버튼의 시간은 거꾸로 간다〉

모든 생명은 늙고 병든다. 생명을 탄생시키고 진화하고 환경에 적응하면서 종을 유지하려는 생체의 항상성이 깨지는 것이다. 생체의 항상성이 유지되지 않으면서, 생리적으로 기능이 떨어져 환경에 대한 적응력이 약해지고, 질병에 대한 감수성이 증가하는 것을 노화라고 한다. 식물은 특정하기 힘들어도 동물은 수명이 정해져 있다고 알려져 있다. 특히 고양이는 10년, 개는 15년, 원숭이나 사자는 20년, 소는 30년으로 짧은 편이지만, 코끼리 70년, 거북이 150년, 고래는 종류에 따라 100~200년을 산다고 한다. 짧든 길든 수명을 마치면 기력이 떨어져서 죽는다. 이는 개체의 연속성을 지키려는 자연의 섭리다.

인간은 현재 평균 수명이 80세 전후로, 적절한 조건이라면 120세가 최대 수명이다. 노화에 관해서는, 나이가 들면 지방 갈색소나 유리기Free radical 같은 해로운 물질이 축적되면서 몸의 기능을 잃는다는 주장을 비롯하여 여러 가설이 있다. 그중에서 최근 인정받는 노화 예정론이 있다면 텔로미어telomere 가설이다. 몸속 세포의 염색체 끝부

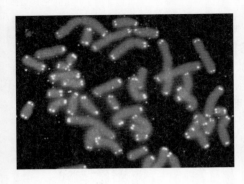

**염색체 끝을 덮은
텔로미어.**

분마다 텔로미어라는 DNA 조각이 있어서 세포 분열할 때 염색체 양
쪽 끝부분이 분해되지 않게 보호하는 역할을 하는데, DNA가 복제될
때마다 일정 길이씩 소모되며 텔로미어가 완전히 없어지면 세포 분열
은 멈추고 세포는 사멸한다. 그게 곧 노화이고 생명의 죽음이다.

　1961년, 미국의 의과대학 교수인 헤이플릭은 체외 조직 배양을
통해 태아의 세포는 100번, 젊은 성인은 30번, 노인은 20번 정도로 세
포 분열 횟수가 다르다는 것을 발견했다. 이런 현상이 세포 노화를 일
으키고 유전 시계처럼 생명의 종착역으로 이끈다는 설명이다. 그렇다
면 텔로미어의 길이가 짧아지지 않게 복구한다면 생명이 연장되지 않
을까? 현재 생명공학 분야에서 연구를 진행하고 있다.

　노화되면 몸에는 여러 이상 증상이 나타난다. 근육은 줄어들고,
지방이 빠져서 탄력이 줄어들어 주름이 많아지며, 검버섯이 늘고 피
부가 건조해진다. 기억력이 감퇴되고 빠른 판단을 내릴 수 없으며, 성
욕이나 기능 저하가 오는 것도 노화의 증상이다. 혈관은 탄력을 잃고
두꺼워져 동맥경화증이 오고, 혈관 벽에는 지방이 침착되어 죽상경화

증이 생기면서 협심증이나 심근경색, 뇌경색을 일으키기 쉽다. 심장 근육도 약해질 뿐만 아니라 심장 판막이 피 순환을 제어하는 힘도 떨어진다. 근력이 약해지고 뼈 골밀도가 줄어들어 골절되기 쉬우며, 소화 기능이나 방광의 근육도 약해져 오줌을 시원하게 누기 힘들다. 남성의 경우에는 전립샘 문제로 더 나빠진다. 수정체가 혼탁해지는 백내장, 노인성 망막변성, 청력 떨어짐, 잇몸이 약해져서 치아가 흔들리는 등의 증상이 생긴다.

오랫동안 인간은 수명을 연장하거나 젊어지려고 노력해왔지만 특별한 진전은 없었다. 그렇다면 오래 살려고 애쓰기보다 주어진 생명이 다하더라도 건강하고 값지게 살다가 생을 마감하려는 노력이 더 중요하지 않을까. 마크 트웨인은 "80대로 태어나 청년으로 삶을 마감하는 행복"이라고 했다. 어린 시절의 철없는 방황과 시행착오로 시간을 낭비하기보다 일찍 성숙하고 건장한 육체를 가진 채 죽는 삶이 이상적이라는 의미다.

세월이 흘러도 늙지 않으며, 피부나 장기가 생명력을 잃지 않고 계속 산다면 어떻게 될까? 마냥 행복할까? 삶과 죽음의 의미와 함께 태어남과 늙어감, 사랑의 의미를 찬찬히 돌아보게 하는 서사시 같은 영화가 〈벤자민 버튼의 시간은 거꾸로 간다〉(2008)다. 《위대한 개츠비》로 잘 알려진 스콧 피츠제럴드의 단편 소설을 각색했다. 낭만적이고 사회 풍자적인 글을 쓰는 피츠제럴드의 소설 중 독특하게 전개되는 작품이다.

1918년, 미국 뉴올리언스에서 1차 세계대전의 종전을 기념하는

브래드 피트　　　　　　케이트 블란쳇

제81회 아카데미 3개 부문 수상
전세계 67개 영화제 80개 부문 수상

벤자민 버튼의 시간은
거꾸로 간다

11월 16일, 영화사에 빛나는 인생의 명작을 만난다

영화 〈벤자민 버튼의 시간은 거꾸로 간다〉 포스터.

날 아기가 태어난다. 아기의 얼굴은 쭈글쭈글하고, 팔다리는 가늘고 어딘가 좋아 보이지 않는다. 어머니는 출산 후유증으로 죽고, 아버지는 아기를 요양원 계단에 버린다. 요양원에서 간호사로 일하는 퀴니가 벤자민 버튼이라는 이름을 지어주고 키운다. 주변 사람들은 아기를 흉측하게 여기지만 요양원의 노인들은 모두 아기를 특별하고 귀엽게 여기며 돌봐준다. 그런데 벤자민의 얼굴은 점점 팽팽해지고 몸은 더 튼튼해진다. 청년이 되어 세상으로 나간 벤자민은 데이지를 만나 사랑에 빠진다. 하지만 벤자민은 갈수록 젊어지고 데이지는 점점 늙어간다. 그는 젊음의 중간역을 지나 소년이 됐다가 이후 점점 어려지면서 아기가 되어버린다. 이제 막 걸음마를 시작한 갓난아기 벤자민을 데리고 산책하는 할머니 데이지의 뒷모습은 우리 인생을 느끼게 한다.

* 표시는 본문에 소개하지 않았으나 관련 내용을 엿볼 수 있거나 참고할 만한 영화다.

14쪽-1 https://lrl.kr/vSGw

14쪽-2 https://movie.daum.net/moviedb/main?movieId=10744#photoId=583976

14쪽-3 https://www.imdb.com/title/tt0089755/mediaviewer/rm3790648832?ref_=ttmi_mi_all_sf_2

16쪽-1 https://en.wikipedia.org/wiki/Achillea_millefolium#/media/File:Achillea_millefolium_5Dsr_9042.jpg

16쪽-2 https://en.wikipedia.org/wiki/Malva#/media/File:Malva-sylvestris-20070430-1.jpg

16쪽-3 https://en.wikipedia.org/wiki/Rosemary#/media/File:Rosemary_in_bloom.JPG

16쪽-4 https://pixabay.com/ko/photos/%EB%B2%84%EC%84%AF-%EC%88%B2-%EC%9E%90%EC%9E%91%EB%82%98%EB%AC%B4-%EC%88%B2-72778/

16쪽-5 https://ko.wikipedia.org/wiki/%EA%B8%B0%EB%82%98%EB%82%98%EB%AC%B4#/media/%ED%8C%8C%EC%9D%BC:Cinchona.pubescens01.jpg

16쪽-6 https://en.wikipedia.org/wiki/Coca#/media/File:Erythroxylum_novogranatense_var._Novogranatense_(retouched).jpg

20쪽 https://en.wikipedia.org/wiki/Orthopedic_cast#/media/File:Popsheet.JPG

22쪽-1 https://en.wikipedia.org/wiki/Trepanning#/media/File:Trepanated_skull_of_a_woman-P4140363-black.jpg

22쪽-2 https://ko.wikipedia.org/wiki/%ED%8C%8C%EC%9D%BC:Hieronymus_Bosch_053_detail.jpg

24쪽-1 https://en.wikipedia.org/wiki/Imhotep#/media/File:Imhotep._donated_by_Padisu_MET_DP164134.jpg

24쪽-2 https://en.wikipedia.org/wiki/Imhotep_Museum

25쪽 https://commons.wikimedia.org/wiki/File:Mummy_at_British_Museum.jpg#/media/File:Mummy_at_British_Museum.jpg

26쪽 https://en.wikipedia.org/wiki/Edwin_Smith_Papyrus#/media/File:Edwin_Smith_Papyrus_v2.jpg

30쪽 https://en.wikipedia.org/wiki/Barber_surgeon#/media/File:Master_John_Banister_delivering_an_anatomical_lecture.jpg

32쪽 https://en.wikipedia.org/wiki/Avicenna#/media/File:1950_%22Avicenna%22_stamp_of_Iran.jpg

33쪽-1 https://en.wikipedia.org/wiki/Abu_Bakr_al-Razi#/media/File:Al-RaziInGerardusCremonensis1250.JPG

33쪽-2 https://en.wikipedia.org/wiki/Averroes#/media/File:AverroesColor.jpg

36쪽-1 https://en.wikipedia.org/wiki/Galen

36쪽-2 https://en.wikipedia.org/wiki/Andreas_Vesalius

38쪽-1 https://www.imdb.com/title/tt0187696/mediaindex?ref_=tt_ov_mi_sm

38쪽-2 https://www.kmdb.or.kr/db/kor/detail/movie/K/08914/own/image#dataHashStillDetail7

38쪽-3 https://www.imdb.com/title/tt7587878/mediaviewer/rm3170270464/

39쪽 https://ko.wikipedia.org/wiki/%EB%A9%94%EC%8A%A4#/media/%ED%8C%8C%EC%9D%BC:Various_scalpels.png

43쪽 https://namu.wiki/jump/SygnF8pWzrxBu9IBLMAnASryweLAJkRzg01%2FBrtj6DYtvnCzZboMsvcSnbB5%2B818Z4okVQ3wh%2FYMJyxeY2TfzQ%3D%3D

44쪽 https://en.wikipedia.org/wiki/Giovanni_Battista_Morgagni#/media/File:Morgagni_-_De_sedibus_et_causis_morborum_per_anatomen_indagatis,_1765_-_2981942.tif

51쪽 https://en.wikipedia.org/wiki/Exorcism#/media/File:St._Francis_Borgia_Helping_a_Dying_Impenitent_by_Goya.jpg

54쪽 https://en.wikipedia.org/wiki/Ant%C3%B3nio_Egas_Moniz#/media/File:Egas_Moniz_nota_comemorativa_10000_escudos_em_Portugal_1989.jpg

56쪽-1 https://www.imdb.com/title/tt0073486/mediaviewer/rm4142565120/

56쪽-2 https://lrl.kr/jift

56쪽-3 https://www.imdb.com/title/tt0172493/mediaviewer/rm1528533505/

62쪽 https://en.wikipedia.org/wiki/Piti%C3%A9-Salp%C3%AAtri%C3%A8re_Hospital#/media/File:Salpetriere_Mazarin_Entrance.jpg

64쪽-1 https://en.wikipedia.org/wiki/Jean-Martin_Charcot#/media/File:Une_le%C3%A7on_clinique_%C3%A0_la_Salp%C3%AAtri%C3%A8re.jpg

64쪽-2 https://en.wikipedia.org/wiki/File:James_Norris,_Bethlem_Patient,_1815.jpg

64쪽-3 https://en.wikipedia.org/wiki/Philippe_Pinel#/media/File:Philippe_Pinel_%C3%A0_la_Salp%C3%AAtri%C3%A8re.jpg

72쪽-1 https://ko.wikipedia.org/wiki/%ED%95%B4%EB%A7%88%EC%B2%B4#/media/%ED%8C%8C%EC%9D%BC:Gray739-emphasizing-hippocampus.png

72쪽-2 https://en.wikipedia.org/wiki/Rapid_eye_movement_sleep#/media/File:Sleep_EEG_REM.png

84쪽-1 https://www.imdb.com/title/tt0113627/mediaviewer/rm487504128?ref_=ttmi_mi_all_sf_2

84쪽-2 https://www.imdb.com/title/tt0111693/mediaviewer/rm2134543872/

89쪽-1 https://www.imdb.com/title/tt0035238/mediaviewer/rm2202504193/

89쪽-2 https://www.imdb.com/title/tt0051077/mediaviewer/rm2310240000/

91쪽-1 https://lrl.kr/EgYF

91쪽-2 https://www.imdb.com/title/tt0340083/mediaviewer/rm4108917249/

100쪽-1 https://ko.wikipedia.org/wiki/%EC%B9%B4%ED%8E%9C%ED%84%B0%EC%8A%A4

100쪽-2 https://en.wikipedia.org/wiki/Cass_Elliot

106쪽 https://namu.wiki/w/%EC%8B%A4%EB%B2%84%EB%9D%BC%EC%9D%B4%EB%8B%9D%20%ED%94%8C%EB%A0%88%EC%9D%B4%EB%B6%81

113쪽-1 https://ko.wikipedia.org/wiki/%EC%8A%A4%ED%8E%98%EC%9D%B8_%EB%8F%85%EA%B0%90#/media/%ED%8C%8C%EC%9D%BC:Reconstructed_Spanish_Flu_Virus.jpg

113쪽-2 https://ko.wikipedia.org/wiki/%EC%97%90%EB%B3%BC%EB%9D%BC%EB%B0%94%EC%9D%B4%EB%9F%AC%EC%8A%A4#/media/%ED%8C%8C%EC%9D%BC:Ebola_virus_em.png

114쪽-1 https://en.wikipedia.org/wiki/Yersinia_pestis#/media/File:Yersinia_pestis.jpg
114쪽-2 https://en.wikipedia.org/wiki/Yersinia_pestis#/media/File:Flea_infected_with_
yersinia_pestis.jpg
118쪽 https://en.wikipedia.org/wiki/Plague_(disease)#/media/File:Plague_-buboes.jpg
119쪽 https://ko.wikipedia.org/wiki/%ED%9D%91%EC%82%AC%EB%B3%91#/media/%ED%8C
%8C%EC%9D%BC:Burning_Jews.jpg
124쪽-1 https://lrl.kr/nuoy
124쪽-2 https://www.imdb.com/title/tt3296908/mediaviewer/rm1526194689/
130쪽 https://en.wikipedia.org/wiki/Trench_foot#/media/File:THIS_IS_TRENCH_FOOT._
PREVENT_IT^_KEEP_FEET_DRY_AND_CLEAN_-_NARA_-_515785.jpg
131쪽-1 https://en.wikipedia.org/wiki/Dominique_Jean_Larrey#/media/File:Larrey's_Flying_
Ambulance.jpg
131쪽-2 https://www.imdb.com/title/tt6017756/mediaindex?ref_=tt_ov_mi_sm
135쪽 http://m.silverinews.com/news/articleView.html?idxno=4013
137쪽 http://lovemama.kr/index.php
140쪽-1 https://upload.wikimedia.org/wikipedia/commons/0/09/Night_%28The_Four_
Times_of_Day%29_MET_DP827061.jpg
140쪽-2 https://lookup.london/
145쪽 https://www.imdb.com/title/tt0790636/mediaindex?page=1&ref_=ttmi_mi_sm
149쪽 https://en.wikipedia.org/wiki/Gordioidea#/media/File:Spinochordodes_in_Meconema.
jpg
157쪽 https://www.webpathology.com/index.asp
162쪽 https://en.wikipedia.org/wiki/William_T._G._Morton#/media/File:Morton_Ether_1846.
jpg
163쪽 https://en.wikipedia.org/wiki/Mustard_gas#/media/File:TestYperite4030618980_242ab
5c81d_b.jpg
168쪽 https://www.imdb.com/title/tt13353486/mediaviewer/rm1977473025/?ref_=tt_ov_i
175쪽 https://en.wikipedia.org/wiki/Teratoma#/media/File:Mature_cystic_teratoma_of_ovary.
jpg
180쪽-1 https://movie.daum.net/moviedb/contents?movieId=128593#photoId=1298080
180쪽-2 https://lrl.kr/jifx
180쪽-3 https://www.imdb.com/title/tt3316960/mediaviewer/rm1147409408?ref_=ttmi_mi_
all_sf_123
189쪽 https://www.jnuri.net/mobile/article.html?no=52602
191쪽 https://www.imdb.com/title/tt6472976/mediaviewer/rm2608620032/
194쪽 https://en.wikipedia.org/wiki/Xeroderma_pigmentosum#/media/File:Xeroderma_
pigmentosum_02.jpg
196쪽-1 https://ko.wikipedia.org/wiki/%EC%A1%B0%EC%A7%80%ED%94%84_%EB%A9%94%E
B%A6%AD
196쪽-2 https://www.imdb.com/title/tt0080678/mediaindex?page=1&ref_=ttmi_mi_sm
199쪽 https://lrl.kr/nuoA
202쪽 https://en.wikipedia.org/wiki/Tattoo_machine#/media/File:Tattoo_Maschine_Nadel.

JPG

205쪽 https://www.wikiwand.com/ko/%EC%84%B1%ED%98%95%EC%99%B8%EA%B3%BC

215쪽 https://lrl.kr/z4PL

216쪽 https://en.wikipedia.org/wiki/Cochlear_implant#/media/File:Cochlear_implant_user.jpg

222쪽 https://commons.wikimedia.org/wiki/File:Canada_IMG_20170817_113141_(37937740656).jpg?uselang=ko

226쪽 https://movie.daum.net/moviedb/main?movieId=10257

232쪽 https://en.wikipedia.org/wiki/Duchenne_muscular_dystrophy#/media/File:Drawing_of_boy_with_Duchenne_muscular_dystrophy.png

232쪽 https://www.imdb.com/title/tt1602620/mediaviewer/rm3812796672/?ref_=tt_ov_i

241쪽 https://lrl.kr/rGxK

259쪽-1 https://www.imdb.com/title/tt1295085/mediaviewer/rm3717270016/

259쪽-2 https://ko.wikipedia.org/wiki/%EA%B2%B0%ED%95%A9_%EC%8C%8D%EB%91%A5%EC%9D%B4#/media/%ED%8C%8C%EC%9D%BC:Conjoined_X-ray.jpg

264쪽-1 https://www.imdb.com/title/tt0251160/mediaindex?ref_=tt_ov_mi_sm

264쪽-2 https://www.imdb.com/title/tt0119822/mediaviewer/rm3627744001/

264쪽-3 https://www.imdb.com/title/tt0386032/mediaindex?ref_=tt_ov_mi_sm

271쪽 https://www.imdb.com/title/tt0129290/mediaviewer/rm1051671552/?ref_=tt_ov_i

281쪽 https://lrl.kr/e56G

286쪽-1 https://www.imdb.com/title/tt0195685/mediaviewer/rm1364303105?ref_=ttmi_mi_all_sf_182

286쪽-2 https://www.bbc.co.uk/programmes/p02042pl

286쪽 https://lrl.kr/e56J

295쪽 https://en.wikipedia.org/wiki/Hermaphrodite#/media/File:Hermaphroditus_lady_lever.jpg

301쪽 https://ko.wikipedia.org/wiki/%EB%8F%99%EC%84%B1%EC%95%A0#/media/%ED%8C%8C%EC%9D%BC:Burning_of_Sodomites.jpg

302쪽-1 https://www.imdb.com/title/tt14315584/mediaviewer/rm3668636673/

302쪽-2 https://www.imdb.com/title/tt11224358/mediaviewer/rm949521921/

302쪽-3 https://www.imdb.com/title/tt7008872/mediaviewer/rm3794616832?ref_=ttmi_mi_all_sf_2

306쪽 https://ko.wikipedia.org/wiki/%ED%85%94%EB%A1%9C%EB%AF%B8%EC%96%B4#/media/%ED%8C%8C%EC%9D%BC:Telomere_caps.gif

308쪽 https://lrl.kr/jifN